走出

周小宽　著

中信出版集团 | 北京

图书在版编目（CIP）数据

走出自我认知的黑箱 / 周小宽著. -- 北京：中信出版社, 2020.4（2024.9 重印）
ISBN 978-7-5217-1360-2

Ⅰ. ①走… Ⅱ. ①周… Ⅲ. ①人生哲学—通俗读物
Ⅳ. ①B821-49

中国版本图书馆CIP数据核字(2020)第016304号

走出自我认知的黑箱

著　　者：周小宽
出版发行：中信出版集团股份有限公司
（北京市朝阳区东三环北路27号嘉铭中心　邮编　100020）
承 印 者：三河市中晟雅豪印务有限公司

开　　本：880mm × 1230mm　1/32　　印　　张：9
插　　页：8　　字　　数：215千字
版　　次：2020年 4 月第 1 版　　印　　次：2024年 9 月第 9 次印刷
书　　号：ISBN 978-7-5217-1360-2
定　　价：49.80元

我们的有限，

在于我们不能什么都控制和改变；

而我们的无限，

在于我们永远都可以，

走在去理解和拥抱的路上。

当你感到疲劳困难、难以为继的时候，如果没有别人来帮助你，那么你需要去做一些疼爱自己、关注自己、安抚自己的事情，这是一种自己为自己补充能量的方式。

不管何时，培养自己处理情绪以及给别人提供情绪价值的能力，都是值得我们用心去做的事情。

让别人快乐，是一种超能力，它让这个不那么好的世界，能够变得好一点。

理解别人为什么攻击，可以减轻攻击对你的伤害。这本身也是一种疗愈。

你需要去表达你的立场，抒发你的情绪，让你的感受呈现出来，被人看见。

这是很重要很重要的一件事情。

一个内心和谐一致的人，和外部世界也是和谐一致的。

所谓的成长，就是有能力去整合自己内心的冲突，去接纳那些不一致的部分。

当我们能够更多地去接受对方的真实和生活的真实，我们才能够在两性关系和其他关系中走得更远。

我们聊原生家庭，仅仅是为了了解，为了看见。

理顺了那些一团乱麻、从未处理的各种情绪和各种故事，我们才能更好地面对未来的生活。

我们才能把原生家庭无形的影响和控制变得越来越小，能够真正地在自己的世界里过好自己的生活。

其实生活中冲突总是不断的，并没有完全不存在冲突、完全和谐的人生。只有更多地接纳自己、接纳他人，才可以让内心的冲突减弱能量，让自己更舒服，也让别人更舒服。不与自己为敌，也就不与世界为敌。

无论对自己还是对他人，接纳的前提是理解，是你愿意去看到真相而不是只会去分对错。

这才是，接纳的开始。

目 录

第二章　找寻真实的自己

第三章　和内在的自己相处

第四章　做个好父母

最终章　学会给自己的心灵疗伤

推荐序

打开这本书，就是你成长的选择

周小宽老师是在我所认识的人当中，最当得起“温柔而有力量”这六个字的人。

她既是一位能够带领来访者穿透人生最黑暗和痛苦的阶段，通过认知生命的真相，走到光明之境的心理咨询师，也是一位能够用最简单的文字，就将心灵的奥秘、原生家庭的代际创伤、内心的潜意识解析得如此清晰、字字戳心的心理学作者。

心理学有一个词叫作“表征”，指信息记载或表达的方式。一个孩子在不会说话、头脑里还没有词汇的时候，由于无法与自己对话，也无法对他人表达，不能思考和处理受到的创伤，难以稳定情绪和控制行为，这些都会对未来形成的性格产生影响。所以我们说，“早期的创伤更为严重”。因为这些创伤从未被“表征”过，还有那些被你深深压抑的需求也从未被正视和满足过，所以每个人心底或许都有个受伤的小孩，期待着被“看见”和“疗愈”。

但，光期待是不够的。

这就是我推荐这本书的原因。

由于你的意识未曾“认知”到这些东西，所以，它们被掩埋在潜意识里，你的人生被盲目而隐秘地塑造着——你并不是你人生的主人，这些创伤、未被满足的需求、内心的缺失、不能表达的愤怒和恨意、不知从何而来的不安全感和低价值感，无处安放的焦虑……才是塑造你的那双手。

直到你选择去看清楚，这一切才会改变。

周小宽老师的文字像钥匙，可以打开尘封上锁的认知黑箱，颠覆那些令你痛苦又找不到头绪的家族故事，让你不再被混乱的关系控制，不再活在别人偏狭的认知里，不再被外界的评判标准绑架。

这本书的文字之刃锋利到切得开旧认知厚厚的防御，却不会割伤你，因为里面也充满了抱持。这本书，就好像一位心理咨询师，陪你一起面对和消化那些糟糕的真实。这是一次绝佳的成长体验——毕竟如果没有陪伴者，我们孤身一人往往会因为缺乏勇气而选择逃避。

我想，当一个人被困在旧的认知中时，就无法向前实现个人的成长。

而要做一个成年人，**更多的是去做一种选择**——你选择不被局限在别人的认知中，你选择构建属于你自己的全新认知。

打开这本书，就是你成长的选择。

胡慎之

“向日葵心理”创办人、关系解构心理学家

CCTV《心理访谈》特约心理专家

| 自序 |

鼓起勇气打开黑箱，才能让光照进来

自我认知的黑箱，打开需要勇气。

看见自己过去从未看见的那些真实，重新构建自我认知的世界——我们甚至可以说，这就是重生。

当你打开书并看下去时，你就是一个有勇气的人了。

理解这个世界的方式有两种，一种是按照别人的方式理解，一种是按照自己的方式理解。

理解决定了你的体验与感受。如何理解世界，如何理解自我，如何看待世界与自己的关系，这些基本就决定了你作为人全部的生命体验。

在自我没有形成稳定的内核之前，在没能用觉察的眼光去看待这个世界、他人和自己之前，我们理解这个世界的方式和大多数人一样，是父母赋予的，是社会文化背景赋予的，也是家族代际传承的价值观赋予的。

在这样一种认知里，我们无法活出自己，我们被他人的信念和评判标准绑架，无法活得自由。

举一个认知的例子。

也许你是听着父母说这样的话长大的："我们一直舍不得吃舍不得穿，我们所做的一切都是为了你。"在父母的认知系统里，他们是完美的"牺牲者"，你是一个身在福中不知福的"获得者"。如果你完全认同父母这样的认知，而没有自己的思考，那么你会进入这样一个死循环：因为被给予而感到内疚——因为内疚而想要偿还——因为偿还而被父母控制——因为被控制而永远无法和父母分离。

这样的你虽然活着，甚至看起来什么都有、活得很好，却并没有真正拥有你自己。

因为你认同了父母赋予你的那个"亏欠者"的身份，所以你无法摆脱内疚，无法允许自己很快乐，无法对他们说"不"。

假如换一种认知，会怎样呢?

从心理学的角度，用精神分析的观点，我们就可以讲出一个完全不同的故事（在咨询过程中，这个故事通常是来访者自己体会到并讲出来的）。

在这种情况下，你的父母，因为在他们的原生家庭没有得到足够好的养育，所以他们的自我很匮乏、怯懦，加上文化背景的影响，他们不能坦荡地去满足自己，无法在关系中独立，需要得到别人的赞美、肯定和认同才能活下去。他们觉得自己不重要，却又极度地需要被重视，他们内心充满自卑，因此极度需要被尊重。所以他们要活在一个“道德完美者”、“牺牲者”或“受害者”的人设中，才能感觉到“地位在你之上”。

因为他们无法和你平等地相处，无法在你旁边与你并肩。

他们的潜意识一直在促使他们去制造令你感到内疚的各种场景和行为，因为只有一直让你欠着感情的债，他们才能安全地“控制”你，并和你永不分离。

所以，你感到内疚并不真的意味着你做错或亏欠了什么，是你父母的自我太过弱小和不稳定，于是他们的潜意识创造了一个世界，而你被困在其中。

这就是认知。

你会发现故事并不只有一个版本，你会看到别人给你塑造的世界背后有另一个真实存在的世界。

“原生家庭”是一个心理学中的核心词汇，也是一个人建立自我认知的开始。一开始，我们的认知系统，被父母极大地决定和影响着，可以说，父母怎么看待你，决定了你怎么看待自己，而我们无条件认同父母，并用父母的眼光来看待这个世界。而父母的眼光也来自他们的父母，环环相扣，代代影响，这就是心理学所说的“家族代际”。

什么时候是转折呢？

当你去重新认知你的原生家庭时，当你以一个**观察者的姿态**去探究这个剧本究竟是如何开始，如何展开，又如何在你的强迫性重复中被延续时。

重新去认知，你的父母一直是怎样的“活法”，他们这样的“活法”，又是如何塑造了你现在的“活法”。

当你重新去认知（思考、分辨、探索、定义）你过去曾相信的一切时，你会因为认知系统的更新而获得新生。

因为认知不同，你感受到的世界和你自己就不同了。

有可能，在你过去的认知里，藏着一个这样的故事：因为你不够好，所以你是个不被爱的人。

你还一直想象，如果我足够好，我就会被爱了。

但是假如你有机会走出认知的局限，看见更多真实的世界，你会豁然发现，你的“不被爱”，也许是因为你的父母没有给出爱和肯定的能力，因为他们也没有被好好地爱过、肯定过，而并不是因为你天生就很糟糕。

于是你固有的认知被打破了。你明白了，儿时的不被爱不是因为你不够好；你也明白了，即使你足够好了，没有“爱”这种能力的人仍然不可能给予你真爱。

于是，你不再预设全世界都不会爱你，你也不再期待自己要靠变得完美去获取爱。

于是你开始以一种新的眼光看待生活中的关系，于是你开始感受到，原来关系中有被你忽视和屏蔽的肯定与爱意了。

常常有人问，怎么才能活得更好？怎样才能走出原生家庭的阴影？怎样才能活得不像现在这样痛苦和困扰？

我想，我们永远无法凭空去构建一个新世界，活成一个理想中的自己。

远离此时此地，总想着换一个自我会更好，这其实是对自我最大的背弃。

原生家庭无法改变，过去的创伤无法改变，既有的失败无法改变，自我那些不够好的部分也许也难以改变——但我们可以改变我们看待这些的眼光，去容纳、理解和消化，只有这样才会有真正的接受和放下。

这就是心灵的转化。

写这本书，希望能够让大家在其中感受到那个“转化”。

黑白分明是最容易被看见的。对与错也是最容易被定义的。

但是这本书所呈现的，是那些不容易被看见的，被压抑和掩盖的真实。

这里面会有很多矛盾的灰色地带：比如爱恨交织，比如控制与反控制，比如想要在一起又害怕被吞噬。

走出认知的黑箱，不只是改变你曾经被别人赋予的认知体系，也是扩展你看待这个世界的宽度——因为婴儿从来没有完美的父母，世间从来没有完美的爱情，我们每个人都是对且错着，有长处也有短处，有能和不能，有理性也有非理性，这些虽然复杂甚至无奈，但它们都极为真实。

敢于看见这些真实，是因为你学会了觉察；接得住这种真实，则代表你成长了。

在读这本书之前，你可以和自己做个约定，给自己一个空间，不去评判，只是去观察。

因为，只有在我们不谈论对错的时候，我们才会有一条路、一个空间，可以走出被人赋予的认知，去重新体验和感受，并依据自我这个独立个体的感知，构建属于自己的新认知系统。

在这个系统里去定义你的规则，并意识到这是你的，不是别人的。

所以，你不再简单地用你的评判标准去绑架他人，也不再被他人的对错标准绑架，你理解并接纳自己的复杂和他人的复杂，这才是**活出真实而自由的自己**。

旧的认知黑箱给了你一个牢笼，将你牢牢困在原地。

就算是金子做的牢笼，你所能看到的，也只是牢笼里面的世界。

有时候被关得太久，我们会不敢去打开那扇门。因为不确定。

可是，在那个不确定中，才有未来。

鼓起勇气去打开，才能让光照进来。

是的，就是现在。

周小宽

2019年圣诞节于广州

第一章

看见此刻的自己

看见此刻的自己

为什么你活得不开心？

//
快乐有时，悲伤有时，
低落有时，骄傲有时。
这就是人生。
暗夜和白昼共存，
痛苦有时大于快乐，
但是，我也想去看。
//

[1]

很多人总是在问，为什么我这么痛苦呢？

有一种答案很学术，却不那么符合我们一贯的认知，这个答案就是：因为痛苦是你熟悉的，而平静是你感到陌生的。

我遇见过很多来访者，他们的故事各不相同。但其中也有着相似的部分。

我听到这样的一些描述："小时候，我本来很开心地在那儿玩着，一切都很好，接着，妈妈（爸爸）突然就会因为一件事情指责我，对我发火。"

有人跟我描述过那样的场景："我在聚精会神地看着一本课外书，爸爸的鞋底就飞过来了。"

"妈妈对我很愤怒，好像我做了很罪恶、很对不起她的事情一样。"

"爸妈突然吵起来，开始砸东西。"

开始，是一个人的宁静、自在和快乐，但是在这个快乐后面，却潜伏着一个我们作为个体根本控制不了的糟糕结果，那些被骂、被指责、被投射愤怒、被歧视的过往，日积月累，在人的内心凝结成一个模式。

这个模式，如果用我们可以理解的语言表达出来就是：**快乐一定是短暂的、不真实的、不稳定的，快乐背后一定会跟着一个糟糕的结果和体验**。

一定是这样的。因为太多次都是这样。

如果加入"自我感觉"去翻译这个模式的话，这个模式还可以被描述为：这个自我感觉良好，对自己感到快乐满足，正在进入当下的时刻，一定是短暂的、不真实的、一定会被结束的。

我很快就会体验到一种不被认同、被攻击、愤怒甚至被毁灭的感觉。所以我的自我最终还是会跌入深渊。

这是对痛苦的一种理解。不知你能否明白？

相比于在快乐中毫不设防跌入黑暗的那种可怕、失控的体验，还是一早就预知结局，甚至一直待在确定的结局之中，更有安全感、确定感和掌控感啊。

我知道，这不是你想要的。但是，为了适应不舒适感，我们发展出了**防御功能**。

防御有很多种，而其中一种防御就是，让自己待在熟悉的感觉里，那样当不可避免的糟糕感觉来临时，你会觉得更容易接受。

这就是我们发展出的面对痛苦的方式。这种方式是为了帮助当年无力而幼小的自己，去适应外面这个不完美、有冲突，甚至残酷的世界。

这是一种本能的方式。

比痛苦的体验更可怕的是失控的体验。

于是很多人无意识地操控着自己的人生，去迎合不舒服的伏线，这样还能活在一定的掌控感里。

如果自顾自地瞎开心，那么下一刻突然到来的打击会一瞬间让我们体验到失控的感觉。宁可痛苦，也不要失控。在平静里暗藏危机，这种感觉，比把生活弄得很糟糕还要令人难受。

[2]

A对我说："我总是觉得内疚，我妈妈一用她那种'付出者’‘受害者’的方式来绑架要挟我，我就没办法拒绝为她去做那些我根本不想做的事情。现在经过了自我成长，我决定不去做了，我再也不要做了。可是，我极度内疚。我讨厌这样的自己。为什么我无法摆脱妈妈的影响？”

我问她：“你的妈妈是个快乐的人吗？”

她说：“不快乐，没见她怎么快乐过。她总是一副苦大仇深的样子，好像全世界最惨的人就是她，她是受害者，对别人总是深怀怨恨。”

她还说，妈妈也见不得她快乐，反正小时候只要她一开心，后面一定会伴随妈妈对她的指责。

我没有去问她的外婆，但我几乎可以确信，她的外婆在她的妈妈面前，应该也是一个“付出者”和“受害者”的形象。这和中国传统的文化背景相关，和过去的年代相关，和男女身份相关。

有些女性比男性活得更压抑和艰难，她们不能为自己而活，不能追求自己的快乐。如果家庭需要“牺牲者”和“祭品”，她们就必须是排在第一个的。

这样的女性做了妈妈，那么她们的子女又能有多快乐呢？

妈妈如此不幸，而我这么幸福——从弗洛伊德的观点来看，我们的潜意识会觉得，这是要被惩罚的，这是一种背叛啊。

没办法，这就是生命。生命的延续，就带有这样的编码了。

妈妈不能让女儿舒服，因为外婆也没有用让妈妈舒服的方式养育过她，所以，妈妈没有习得快乐、舒服这种看似简单的感觉。

妈妈只有一个行为模式，就是在不快乐的状态下，去获得一些控制感，一些价值感。

所以妈妈和外婆一样，只有在“付出者”和“受害者”的位置上，才敢谈“我想要什么”。

她们用这种方式去控制他人，包括自己的孩子。

她们其实没有自己，也没有边界，自然也谈不上对自己负责，更不会为自己争取。

所以A怎么会不内疚呢？她的妈妈是这样活过来的，但是现在她要离开妈妈和外婆的模式了。她要在潜意识里，完成这种分离和背叛了。

“你们都活在那样一个世界里，而我却要走了。”于是，我会有内疚感、罪恶感，我觉得这是一种背叛。

作为生命的延续，我们无法避免在这样做时产生内在情绪。即使不被体察到，也是存在的。

A说，她很痛苦，不断在内疚中挣扎。她也很嫌弃自己，经过这么久的自我成长，还是渴望得到母亲的认同，无法完全离开过去的阴影和模式，活成一个新的自我。

我说：“所以，你也不能真的让自己舒服啊。”

在我看来，A的自我成长之路走了很多步，她也有了更多觉察，她看见了内在模式，明白那些过往意味着什么，她划出了边界，也做出了拒绝，但是，她还是一刻不能放松对自己的要求，自责自己做不到的那些部分。

就好像看一杯水，去看未满的那一半，你就是觉得空，觉得不够，看装了水的那一半，你就会舒服满足。

那么你总是去看空着的那一半，自己不难受吗？

“你让自己难受，盯着做不到的事情，盯着不够满的那杯水，从不放松和肯定自己，从来不能快乐满足地待在当下，这不也是对母亲的一种忠诚吗？”

[3]

无论是为了防止从快乐跌入突如其来的痛苦，而发展出持续痛苦的模式，还是为了忠诚于母亲，或者家族，而在内在保持那份“不让自己活得舒服放松”的模式，这些都是潜意识掌管的东西。

但是，这些也都是在我们身上活灵活现的东西。

我从不说我们要去改变它。

当我被问到“那我何时能改变”时，我的回答是，过去你看不见它，但某刻你看见了，认识了它，那一刻觉知了的你和蒙昧的你就已经不同了。只不过这种不同，并不是你想象中的幸福彼岸。

也许你读到这里会觉得愤怒、悲哀、不公平、无奈。

但是，这就是生命。

我们追求美好，摒弃黑暗。可是那些负面的、黑暗的东西，既围绕在我们的过去，也同样埋葬在心灵深处，成为一种看不见的模式，参与着我们的未来。

也许你会问，那么，追求美好还有什么意义？既然我总是无法摆脱过去，过去都变成了模式。甚至我如此想摆脱的痛苦，都是模式的一部分。

我想，是的，模式很难被彻底改变，但是我绝不承认“没有彻底改变”意味着什么改变都没有。

人生苦乐参半，不如意事十之八九，做不做自我成长，要不要探究真相，这一点都是不变的。

不同的只是，来这世界一次，痛苦过，丧失过，沉沦过，然而你又举步向着未知走去时，你想不想弄清楚，究竟你是什么？究竟这一切是如何发生的？如何塑造你的人生？你想不想在可以改变的范围内，做出一些带觉察的选择，加入一些思考后的行为，而不是盲目地活在看不见的模式里。

理解的人，都是先知。

这种收获，我个人认为，其实足以撑起人生的意义。

所以能够看到痛苦模式的A是她们家族的先知，走进咨询室去探究真相的，看着心理学文章和课程去思考探索的，也都是先知。

先知就是，在他去理解之前，所有人（家族）都活在禁锢里，活在自动化思维里，活在既定却看不见的模式里，而他终于有一天搞清楚了，原来如此。

这个人，就是先知了。

这怎么会没有意义呢？

［4］

我曾经收到过一个读者的留言，我想郑重地将这条留言放在这里。

“受害者的圈圈一直都在我身上，刚刚发现自己又掉进去了，看到文章中说的‘满足我，我的妈妈就是好妈妈，不满足我，我的妈妈就是坏妈妈’，我就是有这种偏执的想法。以攻击他人的方式保护我自己，我以为那是在爱自己，而事实上并不是，我仿佛看着很小很小的我拿着巨大的棍子企图抗击他人，实际上呢？没有谁要害我，没有谁要逼迫我，我仿佛还是那个小小的我，以防御方式保护自己。这种感觉就是强迫性重复。伤害自己也伤害了他人。

“我周围所有人都有各自的原生家庭烙印，没有人是完美的，我老是希望他人来满足我，那我就是把自己的幸福交在别人手上，这样的我好可怜，就像拿着碗在乞讨一样。我不知道能为自己做什么，因为我真的对自己一点都不了解，我不知道怎么爱自己，不知道怎么和自己相处。我真的没有什么能做的。我好想为那个自己做点什么，可是自己受伤已经是事实，事实大过天，可我又接受不了。周而复始，反反复复。”

我很想对她说：“你做了那么多，你看见了吗？”

“你分析了那么多的自己，你看到了那么多发生在自己身上的故事，你直面了人生的真实，你看到了自己的攻击，你没有责怪别人，你说没有人完美，你是你们家族的先知。你比家族里的人都要勇敢。你这么勇敢地去面对了，这么难做的事情，你都做到了，给自己一个肯定和拥抱吧。”

我觉得，这就是改变。这就是意义。

我翻到不久前，这位读者的另一条留言，将它放在这里作为结尾。

“现在有时候听到自己的笑声都觉得还有力量，我感受到内在的那股神奇力量，一直都在陪着我。这条路不孤单，虽然有时真的很想骂脏话，但这是我选的，我就要走下去。我想看看这个我最熟悉的陌生人朋友到底是啥样，我想去看。”

快乐有时，悲伤有时，低落有时，骄傲有时。这就是人生。

暗夜和白昼共存，痛苦有时大于快乐，但是，我也想去看。

你为何对家有恨？

//
我们聊原生家庭，
仅仅是为了了解，为了看见。
这份了解和看见，
其实于我们，有很深的意义。
//

[1]

一个人一直觉得自己不舒服，很难受，却不知道是哪里痛，哪里有伤口，哪里曾经被人狠狠地打了几下，捅了几刀。那么他当然会有很强烈的愿望想要知道，这是怎么回事。

即使知道怎么回事也于事无补，也无法因为了解真相或原理，就能够治愈自己的伤口。但是“知道”在自己身上发生了什么，是大家关于探索生命的一种本能。

有的人，可能是看到这类写原生家庭的文章太多，觉得厌烦，或者这类文章戳中了他们自己不想面对的部分，他们就会说

“你们老说原生家庭有什么意义，能改变什么”；还有的人，在看了一些心理学文章，也做了一定的学习调整后，发现自己的生活还是那个样子，问题并没有得到解决，于是产生了愤怒，也会掉转头来质疑：这类写真相、写原生家庭的文章，对现实的生活有什么意义啊？

如果从功利的角度看，我们学习和了解心理学，了解原生家庭，提起那些往事，应该是为了改变此刻的自己。

改变，是一种目的。

然而，就算改变不了什么，也可以去了解。

人不是一定要那么功利。

我们可不可以，不为了什么，不抱着改变当下或者让自己变得更好的目的，纯粹地去探究关于我们自己的真相呢？

放下目的，以一份平常心去了解过去不曾了解的自己，过去不曾正视的情绪，其实这恰恰是难得的生命体验。

这是我的看法。

[2]

我们聊原生家庭，不是为了推责，开批判大会，找到人生当下所有问题的罪魁祸首。

我们聊原生家庭，仅仅是为了了解，为了看见。

这份了解和看见，其实于我们，有很深的意义。

因为理顺了那些一团乱麻、从未处理的各种情绪和各种故事，我们才能更好地面对未来的生活；我们才能把原生家庭无形的影响变小、控制变弱，能够真正地在自己的世界里过好自己的生活。

曾经有一个来访者小J，她和父母的关系都一般，小时候父母常常争吵，重男轻女，也常常打骂身为女儿的她。

现在她自己做点生意，经济条件是家里几个姐妹中最好的。父亲望子成龙，却养出了一个没什么出息的儿子，还要求小J这个女儿对弟弟负起责任，带他做生意上路，让他以后可以衣食无忧。

来访者小J说，她一和父亲说话，就觉得父亲的情绪让她难以忍受。父亲就像个婴儿，无论他提的要求是否合理，他总是要求别人必须去满足他。

“我就算做一百件事，只要有一件事没有做好，没有满足他的要求，他都会对我生很大的气，否定我、斥责我。”

这种感觉强烈地勾起了她童年时不得不去负担父亲恶劣情绪的创伤回忆，她从很小开始就是父亲的出气筒，父亲从来没有在意过她的情绪和感受，更没有安抚过她、守护过她。父亲给了她基本的“养育”，但同时站在道德高地，一直要求这个女儿提供“情绪价值”。

在这个故事里，父亲无法面对他人生的失败、不开心以及内心的各种冲突，所以毫无反抗能力且被忽视的女儿就成了这个父亲发泄投射“自己无法忍受也没有能力处理的情绪”的最佳对象。

在那个年代，这样的“巨婴父亲”很多。即使是现在，在很多家庭，这样的爸爸也很多。我们去分析这个其实在中国很常见的家庭故事，去分析这样一个很常见的原生家庭环境，对这个来访者来说有什么意义？

让我把这个故事讲完。

她和父亲不在一个城市，她不想给父亲打电话。因为一打电话，她就会觉得很难受。

可是不打电话，父亲会责怪她不孝顺，家里亲戚也会对她有看法，觉得她比较冷漠。

最重要的是，每个人心里也有对自我的审判。而她，也有这种审判，她因此背负着深深的内疚，甚至被内疚压得喘不过气。

没有分析这一切之前，她不知道自己为什么难受；分析了之后，她才知道，自己面对这个已经成为老人的父亲，还是那么难受，是因为这个人依旧用过去那样的模式对待她；是因为只要面对他，听到他的声音和语气，那些埋藏在潜意识中的创伤感，都会被勾起——他这么多年都还是如此，没有能力意识到自己对女儿做了什么，也没有办法做出改变和调整。

分析了之后，她看到了，一遍一遍进入她想要逃离的创伤场景，对她而言，其实也是一件残酷的事情。

因此，她就能够不再那么内疚和自责。

她就能够允许自己，不那么经常地给父亲打电话，拒绝父亲提出的一些过分要求，而不觉得这样的自己是一个坏人。

[3]

小J和我曾经有这样一段对话：

她说："我一直希望自己能做到，按父亲希望的那样给他多打电话。其实我已经知道他当年做的那些事情，是因为他的局限，也是一种必然吧，也不可能改变了。我理解了。"

"我为什么就不能把他当作随便一个什么亲戚，拿起电话，和他友好地聊上几句？"她喃喃自问。

我说："**那是因为你有恨啊。**"

有的父母会这样质问儿女："为什么你对我还不如你对隔壁的谁谁，你看你对谁谁那么温柔、一脸笑意，为什么我一和你说话，你就那么冲，拉长个脸，好像我和你有深仇大恨？我养你长大这么辛苦，你为什么不拿我当恩人，反而拿我当仇人？"

可是，事实就是：**你养我长大没错，在那些我不得不和你在一起、我的世界里只能倚赖你的日日夜夜里，你除了养我长大，也曾经深深地伤害过我、践踏过我、吞噬过我、利用过我，只是这些，你都没有意识到，也不曾看见过。**

在你的记忆里，只有你对我的好。

但是在我的感受里却不是这样。

你不曾尊重我的感受，但是我起码要尊重自己的感受。

是的，我不会恩将仇报。

如果，我对待一个人像对待仇人，那一定是有原因的，即使我还无法义正词严地解释清楚。

如果我连与你友好地聊上几句都做不到，那是因为我对那些年我们的纠缠，怀有深深的恨啊。

别把父母，当作你的“道德”

//
我们把父母当作道德，
一旦违背他们的意思就感到内疚，
这是因为我们太渴望，
被看见和接纳。
//

[1]

我们对父母，很可能有着爱恨交织的矛盾情感。

了解到自己对父母存在的恨意，了解原生家庭，看到这个“恨”的存在有什么意义？

意义在于——**还原你和父母之间，剪不断理还乱的、交织在一起的爱恨关系的真实。**

是的，**还原真实**。

不因为他是你的父亲，或者她是你的母亲，就要绝对地认为，他/她给予你的一切都是理所应当的、有好处的，这个关系都是有益的。

别把父母，当作你的“道德”。

我们常常谈论守住边界，特别是我们和父母之间的边界。或者说在我们对自己的期待和父母对我们的期待之间，要划清界限。

这个界限就是成长——我作为一个独立的、自由的人存在，而不是父母的一部分，不是实现父母愿望和期待的工具，即使父母的愿望和期待里都是所谓的“爱”，我仍然首先是我自己。

对于有的人来说，划清界限是困难的。

比如我在前文提到的小J。

父亲对她的期待，是她能够承担她不成器的弟弟的人生，但她承担不了，也不想承担。父亲希望她能经常打电话给他，那样他就可以对她提出很多要求，对她继续发泄自己的情绪。但是她也有自己的情绪体验，她不想这样勉强自己去继续满足父亲这个“巨婴”。

可是，假如看不到自己的恨，看不到恨从何来，看不到这部分的真实，她会因为“忤逆”自己的父亲、违背父亲的期待而有深深的内疚，她会认同父亲的评价——“我辛苦养育了你，你却如此无情”。

看到真实，还原父母与我们之间的真实关系，感受我们的情绪，是为了不要像小时候那样，像还没有任何力量的自我那样，不假思索地将父母当作“道德”，当作必须完成的事情，当作永远不能跨越的线。

[2]

也许，其他任何人责备你，你都不会那么难过，情绪不会那么起伏，但是身为孩子，被父母这样评价，则很容易陷入深深的内疚，乃至强烈的自我怀疑中。

因为“父母”内化在很多人的心里，就是道德的所在。小时候的我们，是多么期待能够通过自己的努力得到父母的认可和接纳，这就是深深地萦绕在每个人意识深处的想法。

所以，我们要去谈论原生家庭、谈论爱与恨、谈论真相，这样我们可以在必要时在内心为自己辩护，我们可以在守护自己界限而造成父母难过、被他们指责时，不被内疚和自责击溃。

只有这样，我们才能站在坚持自我的原地，才能守住独立的自我界限。

有的人觉得做自己是天经地义的事情，无论面对谁；有的人觉得做选择的前提是自己真的要这样。但也有很多人不是，很多人觉得做自己很难。

很多人的无法成长，无法和父母划分边界，是因为无法承受自己那种内疚的情绪。很多人的父母，虽然没有小J的父亲那样重男轻女，不承担责任，但是一样也会试图对孩子进行控制，在孩子的人生里施加自己的影响，强加自己的心愿，特别是那些整天将“付出”“牺牲”和人生大道理挂在嘴边的父母。

父母为自己牺牲了一切，大半生都在辛苦奔波，爸爸的沧桑和叹息，妈妈的皱纹和泪水，还有那个为了自己才勉强存在了几十年的婚姻……这些都让你天然地觉得“我有罪”。

你觉得你的罪就是，你的父母是因为你而变得不幸福；你觉得你的罪就是，如果你不存在，他们就可以追求自己的人生；你觉得你的罪就是，在父母如此巨大的牺牲下，自己却并没有让他们因为你的生活和成就感到快乐，你不够优秀，配不上这份沉重的牺牲；你觉得你唯一能做的，就是听他们的，按他们的意愿生活，这样他们可以少一些烦恼和失望。

但是，**我们不应该去承担，也承担不了他人的人生。这个他人，包括父母。**

你不是无所不能。父母作为成年人结合，生育你，养育你，守在婚姻里，这一切都是他们自己的选择。**既和你相关，也可以说和你无关。**

这就是界限。

父母给予孩子最好的爱，是养育他，接纳他，给予他独自离开的能力，不成为牵绊他的负担，让他拥有他自己的人生。

当然，不是很多父母可以认识并做到这一点，这是生而为人的局限。但是，作为孩子的你，请不要把自己当作赎罪的“牺牲品”，献给带你到这个世界的父母。

尊重你的感受，尊重你自己。

[3]

我们如果不觉察“父母不是我们的道德”的事实，很可能活着活着就把自己的人生活丢了，我们会把自己的人生活成父母的人生，或者在自己身上活父母的那部分。将他们的期待内化为自己的愿望，不断对自己提要求。

每个人都会对自己有要求，假如这个要求是他的真实自我真的想要完成的，是他自主意识想要攀登的一个高峰，或者想要实现的一个目标，那么在这个过程中，他能清晰地意识到，没有人在逼他去做，这是他自己想要的，所以他的努力是为自己而做，他会有动力。无论目标是否达成，这个努力的过程本身其实是愉悦的，即使艰苦，但仍然是愉悦的，因为是为了自己而做的。

可是假如这个要求并不是他自己的呢？

假如潜意识里，他一边做，一边有种“我被人逼着在做”“我在为别人做”的感觉，就像小时候我们一边学习一边清晰地意识到自己是被父母逼着学习的，只有学习好了他们才会接纳、才会开心，当他这样去努力的时候，这个努力的过程其实是不快乐的。

他会有一种感觉——我不是为自己做的。

也许这个感觉不是在意识里，而是被压抑在潜意识中的。

根据人本主义的观点，马斯洛认为每个人都有自我实现的本能，也就是说即使没有父母施加的压力，我们在社会环境和社会关系中，每一个人都倾向于要做到自我实现，希望自己能够被肯定、被尊重、符合主流思想、被接纳并实现自我的价值。

本来就是这样的。

但是，更多的时候，我们的童年记忆是这样的：我考一百分，或者考九十多分回到家，父母才会展露笑颜，改变对我说话的语气。如果没有达到他们的要求，让他们失望，那滋味太难受了，我接受不了那样的自己。

在孩子的内心当中，无一例外，本能地都希望看到父母幸福快乐，看到父母的笑容，感受到他们语气里的温暖和肯定。

所以孩子在无意识中都会去讨好父母。

作为一个孩子，我想要被接纳，于是我要表现优秀，所以孩子其实不是在为自己努力，而是在他的无意识中肩负了父母的愿望和人生。

我要乖巧，我要勤劳，我要变得优秀，满足父母对我的期待，满足他们对我的要求，然后我会从他们开心温暖的反馈中，感觉到自己被接纳了。

很多人就这样长大了，长大了还是这样。

逐渐内化了父母的愿望、要求，由于害怕不被他们接纳的那种感觉，于是渐渐将他们的准则当作自己的道德，不断苛求、束缚自己，对自己提出一个又一个新的要求，或者不断去满足父母的心愿。

就像小J，若违背父亲的期待，不能做到父亲期待的那样多打电话，不能负担弟弟的人生，她会很难受、很自责，觉得自己很糟糕。

尽管她的理性知道，她没有必要对父亲予取予求，可是当她拒绝满足他时，她还是会自我攻击和内疚。

所以我们需要看到恨，或者其他关于父母的情绪，我们需要看到我们为何试图背负父母的人生，为何承担着他们的情绪，我们需要看到，为什么我们会这样，会陷入这种循环。

我们把父母当作道德，违背就内疚，

这是因为我们太渴望被看见和接纳。

不完美的你，也是值得被爱的

//
我们需要知道，
美好的对立面就是丑陋，
光明的对立面就是黑暗。
世界如此，他人如此，
我们的内心也是如此。
//

曾经有一起性侵的事件，引起大众的关注。

二〇一七年四月因少时被老师性侵的二十六岁女作家林奕含患上抑郁症自杀，人们因而觉得恐慌——女孩的生存环境如此危险，如此容易被侵害。

我们究竟应该怎么做呢？如果我们是女孩的父母，如果我们身边有女性密友，如果我们被一位少女视为可以信任的姐姐、哥哥或者师长，我们应该如何去做？

对于少女来说，这种侵害的确“像一场核爆”。

人类存活，是需要一种精神力量的。这种精神力量坍塌，人也就会跌入深渊。

真正的崩溃，不是情绪上的崩溃，而是原来价值观的瓦解。跟随着价值观瓦解的，还有我们建立在价值观基础上的自我信念。

荣格曾经有过这样的探索，他认为，人活着会经历一次或几次那种整个思想体系（价值观）的坍塌（转化），然后在这种“被迫的”坍塌（转化）之后，人再慢慢建立起新的思想世界。

我们活在一种自我信念中，这种信念有坍塌的可能。

某种信念坍塌后，你的自我也随之倒塌，如果没有新的信念建立，找不到可以自我依托的东西，那么这次坍塌就是足以埋葬你生命的黑暗。

不是所有人都能越过那段黑暗，不是所有人都能重新在真实世界建立一种自我可以赖以生存的思想体系。

比如有的人对婚姻有一种和自我相关的信念，觉得只有将婚姻维系下去的自己才是可接受的，所以一旦离婚，这种关于自我的信念也就崩溃了。

有的人对于事业有一种信念和追求，觉得自己只要努力就一定会在某个职位继续升迁，但是这类人如果突然遭遇了不可控的“滑铁卢”，就会因为不能接受这种失败的事情发生在自己身上，摧毁过去对自我的设想和认知，自我信念就会崩溃。

这个时候，也就是沉重的抑郁突袭一个人心灵的时候。

当世界和我们预计的、想象的、理解的不一样，过去基于这种理解建立的内心中的“自我图画”，随着超出我们预期部分的世界来临而被撕得粉碎，于是过去的信念都坍塌了。

对于这个外在、内在都特别优秀的女孩来说，“那件事”就是一场核爆，它摧毁了她赖以生存的信念，也摧毁了她内心对世界建立的理解——在这个世界上，我是好的、纯洁的，我值得并且一定会被爱。

[2]

一个女孩，从小就觉得自己很美好，她的自我里面不能容纳丝毫的丑陋和肮脏。她这样理解自己，也这样理解世界和他人，如果说，在这个女孩长大后现实里遇到的一切都是美好的，那么她一定会很幸福。

但如果不是呢？如果不是，就会非常危险。

她可能没有接触过那些很阴暗的东西，比如人性的丑陋、自私和贪婪。没有人告诉过她，没有人谈论过那些，她不知道如何接纳他人的阴暗面、世界的阴暗面，甚至自己心中的阴暗面。

可遗憾的是，她还是活在一个有着自私、丑陋和贪婪的世界上。只不过这个真相，她并不了解。她误以为，世界很纯粹，爱很纯粹，心灵很纯粹。

每一个女孩都可能是这个女孩。

这个误会，在很多人身上，根深蒂固。

其实我们的心灵需要建立一种功能，去容纳我们自身以及他人的阴暗和丑陋。

我们自身也有丑陋，他人也有。

容纳是一种健康而具有适应性的心理。有严重心理问题的人，或者有严重心理创伤的人，心理功能中的容纳功能很弱很弱，甚至是完全没有的。

对"坏"的容纳和理解，是一种对"坏"的免疫，而不是对"坏"的姑息，它能不让我们在被"坏"侵害后就被感染甚至被杀死。

我们不能完全阻止"坏"的发生，所以要锻炼面对"坏"的能力；完全无法面对"坏"，就犹如免疫系统损坏，活在到处都是细菌的环境里，没有了免疫力，存活会成为一个问题。

女孩的贞操以一种很可怕的方式被夺走，但还是有很多人不理解，为什么这能摧毁她们的生命？

从这个女孩的故事里，我们可以找到一些答案。

首先是，纯洁而美好的内心世界，被一种突然到来的、强制性的、丑陋的方式侵入。

和真实世界绝缘的"防护盖"，随着这种侵入被粗暴地打开，女孩开始接触到了外界和人性的丑陋，这些丑陋真相和女孩内心自我认同中极为纯洁的一面发生了链接——这种链接，让她的自我产生巨大的动摇。

那个内心赖以生存的信念——我是好的、完整的、纯洁的，我值得也配得上最好的爱，这种思想体系即将坍塌。

在这个女孩面前可能就只有一条路了，那就是相信自己和他之间，是爱。

这是她尝试自救的方式。

这就是女作家在小说里面写的“催眠自己爱上他”。

似乎，她在努力去相信，那个男人和自己产生了链接不是因为内心的邪恶丑陋，而是因为爱情。

“我从此不纯洁了，变得不完整变得肮脏了”，这样的自我认知，对于女孩来说，是她的自我无法承受的，她建立的自我信念会坍塌。

所以最后的救命稻草就是——“如果我和他是相爱的，是因为相爱才发生了这样的事情，那么我就可以认为自己还是纯洁的。这一切都是因为爱情，我没有被玷污。”

但，很快，对爱情充满了幻想的女孩就会发现，当她需要把这个人放进爱的位置去相信时，这个男人根本没有办法进入这样的位置。不管她多么想拯救自己，如何催眠自己去相信这是爱情，但他的行为却在说明，这的确不是爱情。

不仅不是爱情，而且还是一种为了满足欲念而暴露人性丑恶，伪装在善良、高尚外表下自私的侵害。

无论女孩多么不想接受，这个冰冷的现实最终还是砸到了她身上。

无处申诉，无法通过惩罚去实现公平，不被周围的人理解，犯错的人没有得到惩罚，反而倒打一耙要将受到侵害的女孩钉在耻辱柱上，这种现实的“砸”，她的内心经受不住。

她身处的那个她觉得无比美好的世界和自我认同里美好的自己，都崩溃了，粉碎了。

荣格所言的思想体系的坍塌和重建，并不是所有人都能做到。

在那段黑暗的路程里，有的人，此后就一直活在黑暗的谷底，一直处于碎片化的状态，再也找不到一种方式和信念让自我可以再度聚合起来。

有的人，就此选择了离开。

[3]

面对那种颠覆性的改变和轰然倒塌，我们应当如何？

一个人本来觉得，世界只有好的一面，因而在这个世界中的自己，也是完整的、好的，自己认同的人，也是美好的，爱情是美好的，心灵是纯粹的。

突然，在自己相信的人里面，遇到了一个颠覆这种“本来觉得”的人，他打开了世界的潘多拉魔盒，里面黑暗肮脏到无法描述。

强烈的冲击，会打垮纤弱的灵魂。

尽管也有很多人经历了很糟糕的事件，但他们携带着剧痛的内心创伤以及“糟糕的自己”，慢慢接受了这个结局并活下去，接受了世界的不完美、自己的不完美，艰难而努力地活着，而有的人，真的做不到。

接受不了那个不完整的自己，接受不了在别人眼里被玷污的、糟糕的自己，建立在美好纯洁基础上的自我认知体系坍塌了；建立在别人心目中的那个纯洁美好的自己被抹黑了，自己也就随之死掉了。

不知道如何与那个不够完整的、遭遇了丑陋事物侵害的自己共处，所以最终还是选择了结束自己的生命。

在这个好坏参半的世界，好好活着，对有一些人来说的确是困难的。

如果一个人从一开始，就摒弃了世界的黑暗，那么当她最终去面对黑暗的时候，她很可能就会被黑暗吞噬。所以，从一开始就去接触一些黑暗，才是一种保护。

给孩子的保护，不是给她伪装一个美好世界，而是，陪她一起去面对她接触到的不完美。当她被否定、被攻击、被伤害时，支持她、接纳她，让她因为有后盾而变得强大——这才是保护。

说来容易，做起来难。

在一些父母心里，自己就是道德完美的，自己就不接纳自己内心的阴暗面，不接纳自己人性的弱点。比如有外遇的夫妻常年在孩子面前伪装彼此忠贞；比如自己的生活千疮百孔并不和谐完美的父母，却常常在孩子面前高谈完美，对孩子提出“你必须”“你应该”“你一定要完美”“绝对不能这样那样”的要求。

明明世界时不时有阴暗，他也能感觉到，但是他周围却没有人去面对和承认那种阴暗残缺，父母只是一个劲儿地和孩子说你的世界就是学习，你要做一个怎样的人，你应该怎样……

父母不能面对和接纳自己的真实、自己的不完美，也不能接纳孩子的真实、孩子的不完美，然后孩子也就不能接纳自己的不完美、世界的不完美。在这个处处都有问题、人人都有丑恶面的世界里，这样的人，活下来不困难吗？

很多人最后的放弃，就是因为当自己身上发生了糟糕的事情时，无法接纳自己，也找不到一个愿意去接纳自己的人。她们害怕一旦父母知道，就无法再去爱那样一个“不够美好的她”——“我导致了糟糕的事情发生，这一切都是我的责任”。

如果有人接纳，如果有人对她说“这不是你的错，糟糕的事情发生在你身上，我仍然爱你，这不影响你的完整和纯洁”，也许女孩就会讲出秘密，就会被看见、被抱持、被接纳；**就会找到力量，重新黏合起那个因为糟糕的事件被粉碎的自我，重新爱上这个世界。**

[4]

悲剧背后，自有凶手。讨伐不会停止。但是，如何能够少一些悲剧？

“被侵害了，就不够好了，无法接受这样的自己了……”

“被坏人玷污了，自己没能阻止这件事发生，就无法原谅自己的过错。”

“别人误解了自己，觉得自己是个坏女孩……”

我们太希望我们的世界绝对美好，希望我们在他人那里永远得到肯定和赞美，然而，我们需要知道，世界从来就不是绝对美好的，肯定和赞美也不代表什么，至少它不值得你用命去换。

我们需要知道，美好的对立面就是丑陋，光明的对立面就是黑暗。

世界如此，他人如此，我们的内心也是如此。

我们要锻炼自己，还要帮助孩子建立包容不完美的自我和世界的能力。

包容，不是去姑息坏人，而是指内心对黑暗的消化能力、整合能力、接受自我缺陷和过错的能力。

在接受了世界的真实之后，学习如何与这样的世界相处，如何看待自己的丑陋和欠缺，如何在犯错后继续前行。**发生了不好的事情，并不是人生的绝境。无法接受这样的事情发生，才会把你带到人生的绝境。**

我们的心中既有光明也有黑暗，活着，就是要保持心中的光明，和黑暗周旋到底。

你可以不对，这才是自由

//
做“正确”的事情，
不是我们的全部需求，
表达自己的自主性，
才是生命的需求。
//

[1]

有的人每天都想活得自由，却不明白是哪里出了问题，自己总是有一种压抑窒息、动弹不得的感觉。我想，也许他不知道一个秘密——**自由，从来就不是指“做一件结果好的事情”，而是指做自己喜欢的事情**。

所以，自由肯定是有代价的，因为可能导向不好的结果。生活中做所有事情都自由，肯定是不现实的。

“妈妈，我今天不想上学，也不想写作业。”孩子会这样说，这就是他想要的自由。但是他不能说不上学就不上学。

不过，即使在这件不可以那么随心所欲的事情里，也有一种自由容易被忽略——孩子拥有表达“我不想上学，也不想写作业”的自由，当然，前提是，他的父母能够承受住他这样自由的表达勾起的焦虑情绪，能够允许孩子产生“我不想上学”的想法。

一个人在还是孩子的时候，因为父母的管教，自由往往是难以实现的。但是成年之后，或者说，当一个人开始对自己负责的时候，那么他是有权利去选择做一件事情的，而这件事情的结果不一定好还可能很糟糕，但是只要他喜欢并愿意承担代价，他仍然可以去选择。

这就是自由的日常体现。

举个例子：

我有个朋友小王，三十岁女性，未婚，和爸爸妈妈住在一起。

秋风起了，她跟我抱怨说，现在每天早上，穿什么衣服还要被妈妈唠叨：

“你还穿短袖？这样会感冒，换长袖啊！”

“别穿裙子了，将来老了你会和我一样得风湿啊！”

“妈妈是为你好啊！你怎么这个态度啊！我怎么养了你这种女儿啊！”

“你翅膀硬了是吧，妈妈说一句，你顶十句！”

……

在小王的故事里，她在降温的天气里仍然坚持穿着短袖短裙出门，即使真的被冻感冒，那也是她的自由。

也许听妈妈的话，换长袖长裤，小王不会感冒也不会得风湿。这是一个妈妈期待的好结果，但是，小王仍然拥有自己的选择权——我想这样做，即使它可能会引发不好的结果。但是只要我喜欢，我就愿意承担这样的结果。

自由，在小王故事里的体现，并不是“我没听妈妈的话，但是你看我也没感冒，所以我是对的”，而是“我感冒了，也许我的选择不够好，但是我就是愿意这样”。

小到感冒，大到不结婚、不生孩子、结束关系、换工作、更换性别、放弃极好的事业或学习机会、做一件很蠢的事情、进入一段毫无结果的关系、爱上一个渣男或渣女……这些都是一个人的自由。

[2]

自由当然是有后果的。小王一定要穿短袖短裙出门的话，后果不只是感冒，还会让她妈妈很不舒服，她得面对她妈妈的情绪。

不生孩子，是你的自由，但是你要迎接众人关切询问的目光、父母的沉默和叹息，做好对另一半改变丁克想法、违背承诺另觅新人的思想准备。换工作，是你的自由，但是你可能换了之后发现，这个新的选择更糟糕。投入去爱一个和你不会有结果的人，是你的自由，但你也可能会一辈子揣着一颗破碎的心，再也找不到没有遇到他时的那种平静。

有的自由，也许无伤大雅。有的自由，也许会建立辉煌成就，或者失之东隅，收之桑榆。但是有的自由，就会导向失败、糟糕、心痛甚至被众人耻笑的局面。

可是，如果你当时真的很想去做呢？

那么，**最困难的部分就是，你是否愿意为了这个自由，付出可能的一切代价**。

自由，讨论的不是对错、好坏，而仅仅指一个人的自主性，一个人的自由意志。

一个人要活得自由，完全有可能违反某种约定俗成的标准，或者在一个评判体系里是错的，又或者在现实层面是不会有好结果的。

全然的自由肯定是不现实的。

如果你不断违反法律，那你就会一直在监狱里；如果你不断伤害关系中的他人，那你也许就不再有社交关系了；如果你随便乱花钱，你就没钱花了；如果你不工作，你就会很拮据……

但是除此之外，我们还是在很大程度上拥有着我们的自由的。难点是，你能否允许自己做不那么对的事情，或者结果会不好的事情。

人不是机器。只有机器才要按照完全正确的程序运行。人不应该按照某种设定活着，而应该自由地活着。

假如你不关闭你身上那个“一定要正确”“一定要努力”“一定要完美”“一定要被人肯定”的程序，你不过就是一台按照程序进行演算和工作的机器而已。

你当然就会越来越感觉到被捆绑、被束缚、窒息、毫无生气、活得没有意义。

［3］

做“正确”的事情，不是我们的需求，而是一种价值观，一种标准。

表达自己的自主性，才是生命的需求。

很多人之所以感到痛苦煎熬，其实是在标准（价值观）和自主性之间，承受着内心的巨大冲突。也可以说，在主管本能的本我和主管道德评判的超我间，找不到平衡。

有的人，超我太严厉，发出的声音又大，本我总是被打压的话，他就只能按照严厉的超我定的标准去活。

他肯定是不自由的。

这个超我，当然也是和原生家庭中父母对待你的态度相关。

超我里，充斥着评判指责的声音：“你看你又懒惰了”“你这么久都没有进步，别人都如何如何”“你还有脸放松自己”“你骄傲了，这样你马上会落后的”“你忘记爸爸妈妈说的话了吗”“你干这种事，别人会怎么看你，不丢人吗”。

于是，本我的愿望里想干的那些事、想冒出来的表达，都被堵住了。

如果一开始，超我调教着你的行为和想法，让你只做令父母满意的事情，只做符合社会评判标准的事情，那么就会形成固定的模式。在这种模式下，你只做结果正确、别人期待之中的、让别人满意的事情，那么你自己的本能和本我就没有生存的空间了。

你活成了标准本身，而不是你的样子了。

为什么本我的声音，总是被压抑呢？

因为它总是看起来“不好的”“错误的”“自私的”“不够健康的”“会引发后果的”。可是，它是珍贵的，它代表了那些因为“不正确”而被你压抑的愿望。

如果一直压抑，从不去听它发出的声音，那么你的心就会生病。

[4]

如果你要活得自由，你就得面对，你自由的选择，不但可能导致不好（不符合标准）的现实结果，更难的是，你还得面对那些你在意的人对你的种种强烈的情绪。

小王只是想穿得少一点，但是她妈妈就扔给了她很多很多情绪。小王因此会内疚，会愤怒，但是妈妈是不会被她改变的。所以，小王在选择穿少一点的同时，就必须接受妈妈的情绪。

当然，现实中，她可以在物理上拉长和妈妈的距离。不过，即使隔着千山万水，甚至有的人父母都已经离世，却还是避不开“内心的父母”对自己背过脸去的样子，以及他们失望的声音。

这就是自由的代价——你可能会让你在意的人不满意。

而他的不满意也会反过来折磨你的情绪。除非你越来越能划清你的生活和他人的界限；除非你能够越来越不在意这个人对你是否满意；除非你的自我越来越坚定、勇敢，能够去面对自责、自我否定、内疚、亏欠这样的各种情绪，那么你做出自由的选择就会相对容易。

所以，**自由是建立在你拥有资本的情况下的**，要不然就很难做到。

这个资本可以是物质层面的，但更重要的是你**内心力量的**资本。

自由不是简单的想吃就吃、想哭就哭、想睡就睡——那样只是表面的自由。

一个人要选择自己喜欢的事情，放弃自己不想做的事情，是建立在有资本的前提下的。有资本放弃，有资本输，有资本去试错。而很多时候，这个资本够不够，多少算够，也是由你自己去定义的。

无条件的爱，只是一种幻想

//
冷漠不一定意味着拒绝，
攻击也不一定意味着否定。
不断诉说的恨里面，
也许有着浓浓的爱。
关于看见，关于真实，
我们还有很长的修通之路要走。
这条路不是一门功课，
这本身就是一种疗愈和解脱。
//

[1]

看见，其实终极目的是为了帮助一个人去理解和接纳。

让自己被看见，是为了帮助我们被理解和被接纳，进而理解和接纳自己。

看见别人，终极目的也是为了去理解和接纳他人的真实。

有时候看见是为了导出恨，比如看见父母曾经做的那些“为孩子好但其实很残忍的事情”，如果没有“看见真实”，听话的孩子就只能无条件地认同父母，无法描述自己受过的伤，也无法表达自己内心的恨意。

但看见不是导出恨就完结了。导出恨之后，其实我们还会看见很多东西。

当你的内心渐渐平静，表达了自己的愤怒，对当年压抑的部分做了处理之后，你也许还能看见爱。

我们的看见，总是先看见自己的一个部分，但是接下去看的话，你很可能会看见与那个部分相反的自己。这就叫作**自我真相的“抽丝剥茧”**。

我们要抱着开放的心态，看到自己内在埋藏的东西，特别是那些我们回避、掩盖的矛盾的部分。因为矛盾，所以我们本能地回避。**但是这个矛盾的地方，恰恰就是你内心最大的冲突。**

我有一个朋友，特别喜欢说自己恨她妈妈的故事。

她喜欢回忆她妈妈在她小时候对她如何严厉，如何在她顽皮时打她，如何说那些恶毒的话语；后来她妈妈因为脾气暴躁就得了癌症，得了癌症后又是如何不配合治疗，如何不断对女儿索取直到生命的最后。

在回忆里，她一遍遍批驳着自己的妈妈，表达对她的愤怒和恨意。每每说到委屈动情处，都会眼泛泪光。而她的妈妈已经过世十年了。

我听了很多遍，终于有一天，我从朋友深深的怨恨里，听出了她对妈妈浓浓的爱。在对妈妈充满恨意和指责的回忆里，还有朋友对妈妈的不舍和依旧未放弃的期待。

妈妈虽然已经过世十年，但依然活在她每天的思想里，活在她和朋友们的聊天中，活在她的指责里。她还渴望被妈妈重新好好爱一次，所以她不能让妈妈就这样离去。

妈妈已经离开十年了，但她还是当年那个满肚子委屈，等着妈妈来看见、来爱抚的小女孩。

在我看来，这也是爱。

[2]

我们对别人的爱，有时候识别起来很困难，正如别人对我们的爱。

因为我们很习惯将一件事情绝对化。

因为绝对化总是会比较简单。

可是，其实生活中蕴含了太多复杂甚至矛盾的真相，正如我们的内心其实也非常复杂而矛盾一般。

冷漠不一定意味着拒绝，攻击也不一定意味着否定。有的人只会攻击亲近的人，你可以解释为“亲近的人不会离开，他觉得很安全，于是他当然就攻击亲近的人”；你也可以理解为，这是一种多么强烈的信任。

你的丈夫或者妻子总攻击你不攻击别人，你就会很生气，当然，生气是正常的。但是如果你继而推导出一个结论说“他一定是最不拿你当回事，最不怕得罪你，因为你最好欺负”，那恐怕这就是个过于简单的结论。

为什么呢？

换一个场景，假如你的孩子对别人都比较客气小心，在外面表现得有礼貌、知进退，但是在你面前有时候就会没大没小、说话直接、出言不逊，心情不好时回应你的语言总是让你很堵心，没法跟你好好说话，你会觉得这个孩子就是爱别人而不爱你吗？

当然不会，所以你自然而然地就会知道，那是亲近，那是信任，那是因为你和他是世界上最亲最亲的人。

什么是真相？**真相，就是没有那么绝对和简单。凡是绝对的、简单的、纯粹的，恐怕都不是真相。**

我们总是选择性地理解，倾向于把看到的事情绝对化、纯粹化，所以我们也很难看到真相，不管是自我的还是他人的。

为什么对伴侣和对孩子，在同样的行为上，我们会得出不一样的结论，会有不一样的看见呢？

因为你在伴侣面前，其实也是一个孩子，你希望他能做你的父母，补偿你不够被爱的童年，所以如果他攻击你，你就会格外难过。你对他的不满和恨，总是比较容易被你看见，但你对他深深的渴望、期待，像孩子始终等待着父母的温柔一样，你与伴侣之间的这种深度连接的内在关系，却常常是不被你看见和承认的。

如果没有期待，就不会有未被满足后引发的恨了。

我的朋友对过世的母亲如此，哀怨愤怒的人对自己令人失望的伴侣如此，总是被否定、渴望被认同的人对周遭的关系也是如此。**因为有深深的期待，才有那么多的在意、那么多的情绪、那么多哀怨和憎恨**。

这个真相，你是否能看见呢？

［3］

所以，当我们言之凿凿地谈论真实、真诚的时候，其实我们往往仍旧是片面的。

我们只相信和看见此刻我们想相信和看见的。所有可能引发矛盾和混乱感觉的部分，我们都会选择性看不见。大家都是如此。这是可以理解的。

一个人打了你，你马上将其定义为坏人，你就可以立刻打回他，甚至比他打得更狠。

但一个人打了你，你还要去理解他打你的原因的话，那么你也许会瞬时迷茫。

如果他有他的苦衷和缘由，我还要去以牙还牙吗？

我想，如果去看见对方，也许会带来片刻的混乱感。

但是只有我们能够容纳这部分复杂的人性真实，我们的世界才能变得更为宽广，我们可以容纳自己和他人内在的冲突，好与坏的对立，就像冰与火一样，都可以在你的世界里同时存在，如果你的内心空间有能力去理解这个部分，那么显然，你就是一个更有接纳力量的人。你会更接纳自己，也会更接纳他人。

你对世界不再有那么多恨意。不会觉得世界或者别人就是很坏，就是刻意在害你。

如果你理解了这个世界，理解了原生家庭本身就是一个人最初的命运，也许有我们无法完全跨越的部分，如果你能够谦卑地去承认你和别人，都有想改变而无法改变的某些模式，那么你反而达成了与世界的和解。你理解了世界的不完美，别人的不完美，以及你自己的不完美。

这是一条关于看见，关于真实的道路。

[4]

有一次，我读一年级的大儿子突然发烧，一直说难受，我立刻给他吃了两种药。看着他因为发烧而红扑扑的脸，看他难受的样子，我也非常难受，心里期望他能快快好起来。

我什么都没干，一颗心都牵挂着他。

晚上他睡着了，我却睡得不好，担心他晚上再体温升高，我守着他，给他换了几次汗巾，摸了很多次额头。确定他不发烧了，我才睡着。

看到这里，不知道你是否会感觉到我对他的爱。

接下来，我要告诉你，我一直担心他继续发烧，怕他早上不能正常起床，赶不上校车，那我得开车送他，来回就是一小时。而且如果不退烧，也许他就无法顺利参加期末测试，那么我还需要处理这件事情的后果，去和老师做各种解释，看看有没有补救的方法。

我当然不希望这些事情发生，这也是回荡在我内心真实的声音。他的发烧给我带来了很多焦虑，他退烧了，我那一刻也如释重负了。

看到这里，你会有什么感觉？

我想说的是，这样的片段，其实真实地发生在每一个人的生活里，在关系里，在人与人之间。

我们的思维和心理就是这么复杂，我们的本能里面也有很多矛盾的地方。

我不知道在他的人生里，有一天他会如何评价我。

这种评价会不会发生改变。

但我想，如果有一天他知道，**尽管我无法给他完美纯粹的母爱，但是在不完美不纯粹之中，他仍然能看见能感受到我对他的爱是一种真实的存在**，那么他一定能更多地去接纳这个世界和他自己的复杂，去接纳那些爱与恨吧。

第二章

找寻真实的自己

找寻真实的自己

你不需要向别人证明你自己

//
无论何时，
一个人的存在本身，
才是最大的价值。
//

我曾在网上看到一条新闻。

一位年轻美丽的女性，在留下相册里一张张动人的照片，在写下对那个带给她痛苦和绝望的男人的控诉后，离开了这个世界。

她曾经是一个演员，也曾经是选美冠军。她靠自己的努力，一年也有几十万以上的收入，但是在嫁给一个富二代之后，因为婆家不希望她继续工作，她就专注于家庭，成为一个家庭主妇。

在八年的婚姻中，她一直活在丈夫出轨的阴影下，最后她自杀了。网友看到她留下的遗言，有人说是这个男人害死了她；有人说在婚姻中应该懂得及时止损，不要那么在意沉没成本；也有人说，家庭主妇已经成为世界上最危险的职业。

但我觉得，她既不是死于男人之手，也不是死于没有及时止损，**她最终是死于觉得自己没有价值**。

[1]

如今社会经济已经很发达了，曾经当过选美冠军、做过演员的年轻女性并不缺机会，也不缺才华。

也许因为盲目，她踏入了不那么好的婚姻，遇到了一个既不负责任也不专一，甚至道德感沦丧的男人。虽然她在这样的婚姻里幻想丈夫能够改邪归正，还接连生下了两个孩子，耗费了自己八年的青春，但是，这不意味着她错到应该去死。

她在遗言里说："我自己选的路，最终让我走投无路。"

她死于不再相信生活还有希望可言，死于觉得自己面前已经无路可走。

这让我想起了在咨询中曾经遇到的一些为情所伤、陷入绝望境地的个案，她们都会有这样一种想法——你不爱我的话，我就什么都不是了。

在因为对方出轨而自杀的新闻故事里面，女主角大多有一个共同的特征——她们并不认为自己离开了这段婚姻还有价值。

觉得自己没有任何价值，看不到自己离开了这个男人还有什么前路，在这样内心彻底的黑暗中，她们选择了离开。

也许你觉得不可思议，一段婚姻失败，就让人对自己绝望？觉得自己毫无价值？

但悲哀的是，的确有很多女性将自己的价值系在他人的肯定和认同上。而在他人的肯定和认同中，又以婚姻最为关键。

很多深陷糟糕婚姻的女性，并不是不懂得及时止损的道理，也并不是真的那么在意沉没成本，她们之所以不能从已经彻底坏掉的婚姻里走出来，之所以在一段极不对等的关系里继续折磨自己，甚至继续忍受对方在精神上的忽视和虐待，是因为她们觉得自己从内而外所有的价值全部都在于“那一张纸”“那一个某人妻子的身份”。

那些悲剧故事中的主角，有人名校毕业，有人容貌娇美，有人是专业人才，不管怎样，其实她们离开婚姻之后都可以靠自己活下去的，这样的人除去婚姻，明明是拥有自己的价值的。

然而，遗憾的是，低价值感的人不是这样看待自己的。

低价值感的人往往活在恐慌里，她们害怕被对方否定和抛弃——因为一旦被对方否定，一旦关系破裂，她们就会觉得自己全身都是缺点，一无是处，然后彻底掉入心灵的深渊。

低价值感的人，年幼时得到的接纳和抱持很少，甚至从未被肯定过。她们的内心非常匮乏，被极度的不安全感充斥着。

从心理学的角度讲，一个人最核心的对于自我的认知，来源于最早期的母婴关系，即“妈妈爱我，那么我就是好的，全世界都是爱我的”。

假如在年幼的时候，孩子与母亲之间建立的客体关系中，孩子没有从母亲那里确认自己是被爱的、是足够好的，那么这份巨大的匮乏和对于自我的不确定感就会蔓延到这个人的人生中，蔓延到他所有的关系里。

他需要的不仅仅是认同和肯定，他需要的是所有人的认同和肯定，不容有差。

[2]

低价值感的女性，往往会非常努力，活得如履薄冰。

她们会努力学习，努力工作，努力经营婚姻和人际关系。她们不懂拒绝讨好他人，力求在每一个人面前都表现完美。她们活得特别累，把微笑留给别人，把压抑留给自己。

如果她在幼年时，在客体关系中没有形成一个稳定的自我，没有被妈妈爱过、肯定过，没有建立一种对自我的确认——“我足够好”——这样一种感觉，她就会变得对否定和不认同特别敏感。她就会格外追求完美，害怕他人对自己有任何的不满。

这就好像一个自信的人，是不会真的畏惧别人的批评的，因而她往往活得自我且真实，因为批评不足以否定她在内心对自己的肯定。

但一个极度自卑、价值感低的人，却接受不了一点点的否定。

在她的内心里，他人一个无视的眼神，可能就会让她觉得被羞辱，可能就会让外表光鲜亮丽、拥有很多资本的她在那一瞬间被“打回原形”。这个原形其实并不客观，而是在她对自我的认知里，她始终觉得自己是一个“糟糕的不被爱的人”。

我们不知道文章开头的那个女孩是一个怎样的人、拥有怎样的童年，但是当她悲痛绝望地离开这个世界时，除了讨伐她的丈夫，除了教育大家如何经营婚姻、规避情场中的失败，还有一个更值得我们关注的方面，那就是一个人是如何长大，又如何在内心定义自己的。

一个价值感低的人，无法承受外界对自己的否定。很多价值感低的女性，尽管出身不差，学历优异，仍然无法承受“离异女性”的标签。外界的压力加上并不稳定的自我意识，撕碎了她们对于自我所有的良好感觉和肯定。

在中国的传统观念中，婚姻失败犹如给女性贴上了一个耻辱的标签。无论你拥有什么优点，假如你被丈夫抛弃的话，你还是会被一些人嘲笑，你还是会被一些人视为失败的人。

价值感低的人，最怕的就是别人说她“无用”，说“我不需要你”。这种在关系中不被需要和重视的感觉，足以杀死她对于自我的那一点点肯定。

任何时候，只有当你觉得自己毫无价值，再也没有人爱你，于是你也觉得自己不值得活下去的时候，那才是走投无路。

[3]

有一个来访者，我们曾经一起探讨过“为什么她没有办法在生活中去享受”的问题。

因为家境不错，她在生育小孩之后，没有出去工作。她和婆婆一起在家带小孩，丈夫有时在外地工作，每个月回来一次。

她说，其实婆婆带孩子也带得很好，婆婆人也很好，很愿意帮她分担，可是她却没有办法心安理得地在婆婆带孩子的间隙出去逛街，做个美容或者健身。

她说：“假如我把时间拿来学习，我觉得是可以的，可是如果拿来享受，我会浑身不自在，我不能允许自己做这样的事情。”

在咨询的过程中，我们一起去回忆和思考，后来她找到了那个一直在她潜意识中的想法。

“我的母亲就是一个价值感很低的人，她在我小时候就一直把自己表现成一个‘牺牲者’和‘付出者’，她总是看上去特别辛苦，似乎没有一刻停下来休息，她也这样教育我们。

“如果我哪天没有帮着妈妈干家务活，没有好好学习，就坐在那儿玩的话，我妈妈就会来训斥我，说我是在浪费时间，说我不应该这样。

“在那一刻我体验到的是羞耻。所以，现在我觉得，如果我不是真的在做一件事情，如果我没有在做这个事情的时候创造价值，我就觉得特别羞耻，觉得自己好像不存在了一样。

“我的存在和价值，一定要在事情中体现。”

这就是她不能够心安理得享受的原因。

我对她说：**“你的价值不是体现在你做的事情中，而是体现在你这个存在里**。

“不管你是出去健身，还是出去呼吸新鲜空气，逛逛街，享受一下属于自己的时间，在这一刻，虽然看起来你没有创造价值，但是你在滋养你自己，而你这个人的存在本身就很重要。

“在关系里，你的存在对于你的先生、你的孩子来说本身就是一种价值，如果你没有一个特别需要你的人，那么你的存在对于你自己来说，也一样是有价值的。

“其实你不需要向别人去证明它。”

只是教一个人经营婚姻之道，不管是如何看待沉没成本，还是如何做到及时止损，或者保持单身力，尽可能不要做家庭主妇，这些其实仍然属于操作层面的事情。

为什么看起来如此简单易懂的道理，有些女性却做不到？背后的原因才是关键。

除了离世的这个女孩，网络上也经常出现女研究生、女博士为情自杀的新闻，这些道理她们不是不懂，但是在她们内心中，却有一种巨大的动力让她们做不到。

那个巨大的动力，恐怕就是一段始终单曲循环的话语：

“我自己是如此的糟糕。我不能相信我是个有价值的、值得被爱的、足够好的人。除非在我拥有的所有关系里，大家都喜欢我，都肯定我，都不离开我。”

在低价值感、缺乏安全感、内心匮乏的人心中隐隐都有着这样一个想法。

这样活着当然是劳累而又很危险的。

她必须竭尽所能博取所有人的肯定，而当关系中的一边出现了问题，这个人的自我就会迎来极大的幻灭感。

一个人把所有的价值感寄希望于外界，去讨好外界所有的人，在婚姻中忍辱负重，一再地幻想渣男会回头，一直在极不对等的婚姻里忍受，最后绝望地走向自杀，可能她们在生命的最后一刻，还在希望用自己的付出换来这个关系中另外一方对她的爱和不离开。

而关系里，永远都有你和他，既然有另外一个独立于你的个体，就意味着无论你做了什么，付出了多少，拿什么去交换，都可能无法得到他的回应。

价值感低的朋友们，我建议你们可以从现在开始从内在去提升自己的价值感。早日脱离对外界的依赖，才是好好活下去的法则。下面这些方法，希望对你们有用：

第一，抓住一切机会在内心肯定自己。

价值感低的人从来都不会肯定自己，所有的肯定都习惯性地来自他人。

从现在起，你要学会在心里对自己进行肯定，并锻炼这种能力。

第二，宽容地对待你自己。

当你对自己进行责怪的时候，想一想，你抓住自己的一个缺点，将它无限放大，这样客观吗？对你自己公平吗？是不是你一直在苛责自己？这种模式是你小时候父母对你的模式吗？而你是不是要在适当的时候放下它呢？

第三，你的价值不取决于他人的评价。

因为他人的评价体系并不稳定，换一个人就会有完全不同的想法。如果把你活着的时间全部拿去适应他人的规则，你会累死的。

去建立一个属于自己的规则，别被任何人的规则绑架，那才是一劳永逸的事情。

毕竟，无论何时，一个人的存在本身，才是最大的价值。

你都不愿意了解我，又怎么谈得上爱我？

//
一段好的关系，
一定是一段互相接纳的关系。
而一段有生命力的爱情，
一定是一段互相接纳的爱情。
//

[1]

在两性关系中，我们经常会看到一种现象，似乎每个人都很清楚自己想要的，也知道什么是自己不想要的，就像李荣浩唱的那首《不将就》，于是我们越来越容易一拍两散，一下子就走到了婚姻的尽头。

没有生命力的感情和婚姻，如果努力了还是不行，那么放弃当然是一个好选择，这是“断舍离”。

但是，如果从一开始，你的期待就过分理想化；如果从一开始，你就只是将“我想要的人”分割成一个个具体的版块和目标，而从未打算去了解和接受这个人真实却不那么符合你期待的一面，那么你对婚姻的期待就会很容易幻灭，你所处的两性关系也会经不起任何考验。

很多人将自己的期待、想要完成的愿望和现实中缺失的功能放在对方身上。

比如在物质上，将伴侣当成物质安全感的提供者、饭票、提款机和炫耀的资本。在精神上，将伴侣当作靠山、避风港和拯救者。或者，把对方当成保姆和生育工具……

然后，当你发现他做不到这些时，这个人的人设和一些行为不符合你对他的期待，或者不符合当初你给他贴上的标签时，你们就会产生很大的冲突。

如果你说服不了、改变不了、控制不了对方，那就会带给你极大的失望。

为什么会失望呢？因为一开始你就在一个人身上放了太多期望，多到这个人承担不起。

女性，希望男人是爸爸，是哥哥，是朋友，是安全感，是避风港，是拿得出手的体面；男性，希望女性是母亲，是女儿，是随从，是红颜知己，是照顾者，是自己的面子。

当你说，你很清楚你在关系里想要什么的时候，你需要提醒自己——“我是不是正在将一个爱人、一个伴侣变得功能化，希望他能够完全实现我想要的功能”。如果一段关系充满了功能、标签和要求，那怎么还能从中找到包容、接纳、理解和体谅这些爱的特质呢？

当我们在关系里要求对方的功能实现最大化的时候，我们得到的爱情和给出的爱情，其实也越来越少了。

我们如何才能够找到一个最佳位置去经营好自己的两性关系？

我想那个秘密法则就是——当我们能够更多地去接受对方的真实和生活的真实，我们才能够在两性关系和其他关系中走得更远。

[2]

我来说一个真实的故事：

我有一个表妹，她大学毕业之后就去了德国念医学。她花了九年时间，最后在德国顶尖的医学院毕业。她的长相是属于娴静温和的，她是一个努力、有才华又善良的人。但是因为她没有太多和异性交往的经验，所以她在爱情中并不是很顺利。

她在三十四岁的时候才认识了现在的先生，她的先生比她大七岁，是一个土生土长的德国人。他们俩在谈了三年恋爱之后步入了婚姻的殿堂，一切都进行得很顺利。

但在结婚之后，他们很快就遇到了一个矛盾——我的表妹很想拥有一个自己的孩子，所以在她三十七岁结婚之后，她就想赶紧实现自己做妈妈的心愿。

但是她的先生和她有不一样的想法，她的先生正面临工作上的转折，暂时不希望有一个孩子。他的理由是，自己目前没有时间和能力给孩子一个很好的养育环境，所以他表示拒绝。

我的表妹觉得非常愤怒："我好不容易结婚，而且我的年龄可能已经到了生育的极限年龄，如果再等下去，我可能这辈子都不会有孩子了。你作为我的丈夫，却不能够帮助我实现当妈妈的心愿。你是如此的自私、没有责任感，我看错你了，渣男！"

她越来越愤怒，不断指责和攻击他；他也寸步不让，坚守自己的决定。表妹心力交瘁，他们才展开的婚姻已经毫无质量可言。

接下来，似乎就只有一个要与不要的选项。如果这个男人不能满足我表妹的期待，那么就一拍两散吧。

这是故事的A版本。看上去，没毛病。

但这个故事还有一个B版本。

表妹看到了他的拒绝和坚持，她没有马上给他下结论，也没有立刻收回对他的信任，她想知道，他如此的坚持代表了他是一个怎样的人呢？

这也许会让她看到，在这个冲突未发生时，她还不曾了解到的他。

她和他坐下来交流，她和她的朋友们也去交流，她努力去理解和思考，然后她看到了他的内在想法，他的确认为自己没有足够的时间和精力。

在他的价值观里，他觉得当他自己不那么确定可以提供给孩子足够好的养育环境时，在他还不确定自己具备成熟人格的力量时，他想，最好的做法就是不要去生育一个孩子，因为他觉得对孩子而言，这可能是一件不公平的事情。

这不代表他不爱她，不想让她幸福。

但是他也有他自己的某种信念。

表妹对我说，中国和西方的生育文化是不一样的。在中国，结婚生孩子是一件水到渠成的事情，但她的先生是个德国人，他在西方文化背景下成长，所以关于生孩子，他会有一些不同的价值观。

她开始去了解她先生的原生家庭。

她先生虽然已经四十多岁，但他是家里最小的一个儿子，他有两个姐姐。妈妈和爸爸还有两个姐姐，家人一直都将他当作孩子对待，照顾他，宠爱他。

所以，她的先生花了很长的时间才慢慢从一个心理意义上的男孩成长为一个男人。这也是在她三十四岁遇见他时他还单身的原因。

而结婚，则是他努力地从一个男孩成长为男人的标志性事件。

实际上，和我的表妹迈出结婚的这一步，就是他人生中的一次很重要的成长和跨越。

可是，这个时候马上又迎来生育孩子的决定，他觉得自己也许还没有能够这么快地做好准备，他有他担忧和焦虑的方面，也有一些对自己的不确信。这样的他虽然不是那么完美，但是却真实。

在版本A里面，这个男人在妻子的眼里就是标签化、功能化的。

妻子在愤怒的时候，只看到这个男人在这件事上没有给予她配合，没有符合她对丈夫的期待。她没有也不想去了解真正的他，她只看到了他没有完成她的期待，因此就下了一个结论——这是一个不成熟的、自私的、不负责任的男人，所以我不应该继续浪费时间，这不是我要的。

而在版本B里面，我们看到了一个活生生的人。

如果我们不用“男人”“丈夫”“父亲”这样的标签去限定这个人，如果我们也愿意去看看他呈现出来的“不够好的真实”，我们就可以看到，这个德国男人的确在这件事上有他内心要去克服的部分，可以看到生孩子这样一件看似理所应当的事情，对他而言却是一个挑战，一个难关。

而值得庆幸的是，我表妹的故事是B版本。

[3]

哈佛大学一位著名心理学教授塞姆拉德在教学时，曾经讲过这样一段话："人类最痛苦的莫过于爱与失去，而治疗者要做的就是帮助人们了解体验以及容忍生活的真实，包括其中所有的愉快和悲伤。"

我们痛苦的最大来源是我们的自我欺骗。

的确是这样的，我们在爱情里，很容易将对方化作一个个期待，化作一个个理想中的标签，却不能够也不愿意完整地去看到那个人本身，这就是爱吗?

如果这是爱，那么这爱也没有构建在真实的基础上；如果这爱破灭了，那也是因为，一开始就只是你自己一厢情愿地欺骗了自己。

我们期待对方给我们提供物质上的安全感、精神上的安全感、生活上的照顾还有生育的配合，却没有或者不愿意去看到，对方其实也是一个和我们一样有缺陷、有局限、会陷入无力、会陷入矛盾纠结、会犯错的活生生的人。

只有我们能够更多地**接纳真实**，不管是自己的，还是他人的，那么在给对方投注很多的期待，而这个期待又幻灭的时候，我们才能够接得住这个幻灭，才有可能继续在这个关系里前行，去努力、去探索、去理解，去让这个关系活下来。

我并不怎么认同时下的一些教女性识别合适的男朋友或老公的指南。

那些指南一般都是二十条或者三十条，指南会不容置疑地告诉你，对方如果有以上特征，你就要迅速地将他拉黑，不要跟他谈恋爱，你们俩在一起没前途。

但我很好奇的是，如果你真的依照那样的手册，依照里面的二十条标准，对你遇见的男人进行逐一考验，符合这二十条的人有几个？

很可能，并没有一个人真的符合。

因为指南里那些标签、那些选项，是对一个产品的测评，它没有办法用来衡量和判定人。

人是复杂的有机体，是多面的。有各种情绪，有各种感受，也携带了各种创伤和记忆。

我们不能说一个男人在一场争执中倾向于赞同自己的母亲而没有捍卫自己妻子的观点，他就一定是不重视、不爱他的妻子，很可能在男人的内在有非常多的纠结。

比如说他和母亲共生，从小承担着母亲的情绪。如果违背母亲，对他来说就是背叛，他会觉得极度内疚。

如果在这个时候，妻子愿意去看到男人内在的真实，愿意去接纳这个部分，那么才有可能在接纳真实的基础上，不以攻击者的姿态，去和自己的丈夫进行心灵层面的探讨。

也许探讨了也达不成一致，但不含攻击的探讨至少是一次你们走近彼此的机会。

只有深入内心的关系才能走得远。

当一个人对你不带评判，不贴标签，而是与你共情、关注你时，你是很难不对他敞开心扉的。

如果一个妻子或丈夫愿意这样去做，并真诚地这样去做，双方才有可能获得成长，让两性关系通过各种考验。

抱怨能改变什么呢？

攻击又能改变什么呢？

当我表妹的德国先生拒绝了她生小孩的提议后，我的表妹是去更深入地了解他，而不是一把撕下他“好男人”的标签，给他贴上一个“渣男”的标签。

在他们结婚的这一年多以来，他们在沟通里走得越来越近，越来越了解彼此。

令我有些意外的是，过年时，我接到了我表妹的电话。她告诉我，她和她先生商量好了，准备在今年要一个宝宝，也许不那么容易，但是至少他们去努力尝试了。

我的表妹对我说，经过了这样的恋爱和婚姻中的分歧，她学习到了一件事——没有任何关系是完美的，没有人是完全符合期待的。

而她认为最好的关系，就是彼此有沟通，沟通也有回应的关系。在回应当中，你能够看到自己和对方都在调整着步伐，逐渐向一个方向去努力。

可能有人会说，我也沟通过，但我们仍然没有朝着一个方向努力。

这是不是意味着我的期待真的就此幻灭了呢？

我想，与其说是期待幻灭，还不如说一开始我们就不应该制造一个理想化的爱人。和我们发展关系的那个人，本来就有一些可能令我们不满意或不能接受的东西。

共同的生活，每一天的相处，一定会将这部分真实呈现出来。

他不只是一个个标签，他不会只是饭票、避风港、保姆、生育工具，他是一个需要你去慢慢看见，慢慢感知的，和你一样的活生生的人。

无论关系的最后走向哪里，无论关系是不是会活下来，无论这个关系最终能不能够达到你的期待，当我们抱着这样的心态进入一段婚姻和其他关系时，我想我们都会有所获得，**因为这段旅程，会帮助我们理解生活的真实，去学习接受不完美的自己和他人。**

你那么缺爱，为什么就是要不到爱呢？

//
没有无创伤的原生家庭，
世上缺爱的人太多。
//

我有个好朋友L，最近不胜其烦，她三天两头被她一个闺密深夜电话拜访，讨论的话题单一而重复：

“为什么我的老公对我特别冷漠？我越要他爱我，对我体贴温柔一些，他越抵触，越置之不理，到现在我一开口他就一副听都不想听的样子，他对我是不是已经完全不爱了啊！”

好朋友L跟我说起这个事情，她想帮助自己的闺密，但又改变不了人家的老公，她自己也觉得困扰：“我觉得很多人都是缺爱的，所以特别希望能够在亲密关系里面得到爱，但是为什么好像很多人找的伴侣也是那么冷漠？越想要被爱吧，结果反而越令人失望。”

因为缺爱，于是铆足了劲去要爱，结果是更加体验到了不被爱的回应。

缺爱——要爱——被拒绝（被攻击、无视、伤害），缺爱的人，往往在一个这样循环往复的过程中而不自知。

一个缺爱的人，他去要爱的话，其实注定结果是要不到的。

因为，爱，不是被要来的。

“你可以用一种爱孩子的方式来爱我吗？”

其实很多缺爱的人，一直在用各种方式，对自己的伴侣表达着这个愿望。

愿望本身当然是没有错的，但是愿望的实现，却往往在现实中卡壳。

在原生家庭中没有得到很多爱的人，会因为缺爱有非常多的困扰——自卑、难以接纳自己、极度需要被肯定、总是觉得没有安全感、怀疑、敏感、对爱的需求度特别高。

因为缺爱，所以无法去爱和接纳那个“不够好”的自我，所以格外需要别人的认同、肯定，需要被人重视和呵护的感觉，在这种“被爱”的感觉里，缺爱的自我才能得到滋养，才能相信自己是一种有价值的存在。

“为什么我希望像一个孩子一样地被爱？”

因为缺爱的创伤都是早年造成的。

没有被父母很好地爱过，内心也没有很好地成长，因为这爱的创伤，于是人格的一部分在早期被固化。

缺爱的人，无论看起来多么成熟、稳重、优秀，内心深处仍保留着非常孩子气的一面，时刻等待着遇到一个可以信任的人，建立亲密的关系，然后他会迫不及待地在这个关系里，展现出孩子气的那一面，因为孩提时的自己没有得到父母足够的宠爱和接纳，所以潜意识里面想重塑那个时刻，然后，期望这一次伴侣会扮演“足够好的父母”，来呵护他、满足他。

我们本能地期待以这样的方式，完成对童年时期不够被爱的治愈。但是这种方式，在现实中却常常碰壁。

因为，一个婴儿不断向母亲索取爱、乳汁和关注，以不顾一切的哭闹的方式去索取，假如得不到就愤怒、生气，甚至有时会去攻击妈妈，这都是合理的、被理解的。

一个正常的养育者，是可以理解和接受一个婴幼儿这样的。

但是在成年人的关系里，一个人如果仍然以一种婴儿的姿态去索取爱，尽管这是内心想要被治愈的渴望，是内心缺爱的空洞想要被满足的本能，但这种方式，却总是很难被另一个成年人很好地接受和回应。

缺爱的人太渴望自己能够在某个人那里得到足够的爱的滋养，一旦进入关系，就会有强烈的索求爱的冲动，并且在与对方建立了信任和亲密的关系后，往往是以一种婴儿的方式去要。

如此一来，“缺爱症候群”往往会忽视一个客观存在的现实——被你索爱的那个成年人，可能自己的内心也住着一个缺爱的孩子，但是你未必会关注到对方的潜在需求，那是因为你自己太渴望，就忽略了他心里也住着一个需要被满足的孩子。

谁也没有错，遗憾的只是这个世界上缺爱的人不是一个两个。

当我们觉得自己孤独、自卑、缺爱，渴望被人像孩子一样保护和宠溺时，我们会假想遇到的那个人，是一个无所不能的英雄。结果却是，你遇到的人，和你有着一样的缺憾。

这个其实也很好理解。

我们的父母，来自怎样的原生家庭，我们又来自怎样的原生家庭，集体性创伤和传统文化带来的影响，导致了不懂表达爱、不尊重个人感受和个人需要为家族集体牺牲这些一直以来大部分家庭保持的氛围，**原生家庭有着共同的问题，养育的孩子也有着相似的创伤**。

当你缺爱的时候，并不是全世界其他的人都比你幸运，比你拥有得多。更为常见的情况是，你遇到的另一个人，也和你一样，内心有着同样的伤痕。

以“要求”的方式索要爱，会让人本能地想要逃开。

大家都在另一个人身上找“足够好的父母”，希望可以修复不够被爱的伤痕，结果只剩下了一段令双方都感到很失望的关系。

即使对方比你拥有的“被爱”的体验更多，是一个有能力给出爱的人，你“要爱”的方式，也决定了你能不能得到你想要的爱的回应。

某天，我在下班高峰期的地铁听到身边一对年轻情侣的一段对话。男孩在玩手机，女孩说：“你怎么不理我啊，我前面跟你说的你听见没！”

男孩没说话，继续玩手机。女孩继续说：“有那么好玩吗？比跟我说话有意思多了？你现在一天到晚玩游戏，我看你根本就不需要女朋友。”

男孩还是没有出声，女孩继续说：“我每次跟你说话，你都好像听不见一样，你是成心的吧！我白天工作那么累，下班了你也不理我，不跟我说话，你这样做男朋友也真的是很奇葩，受不了！”

当她说完这句话，两个人之间的氛围应该是更糟糕了。她转身望向另一边，而从头到尾，男孩都不发一言。

也许有人会觉得，这是一个沟通艺术的问题，女孩不会说话，导致了这样的结果。

但是我们从心理学的角度来看看，两个人之间究竟发生了什么。

女孩想要从男朋友那里得到爱的回应，可是，她一直在以一种攻击的方式索取，所以，她得到的回应，就是对方对“被攻击”的一种本能回应。

男孩的反应是沉默、隔离，其实也不算过分，如果一个人一上来就攻击你，你能以爱回应吗？

实际上，没有一段关系“应该”给予你爱。

关系只是关系。

你的父母最应该给予你爱吧，可是他们也没有在你特别需要的时候，给予你足够的爱，何况是你后来才遇到的爱人。

爱不是可以规则化的，比如对方站在男朋友或者伴侣的位置，并不意味着从道德上，他就应该关注我、和我说话、重视我、爱我。

如果你对你的伴侣通过设定规则去索爱，你的索爱，就不知不觉演变成了一种“道德绑架”，会令对方觉得有压力，想要逃离。

爱是自然流动的，而不是被要求就可以给出的。

如果，以伴侣的身份去要求被爱，就像那个女孩那样，一直指责说“你这样算什么男朋友，我作为女朋友连说话都没人搭理，你对我这么冷漠”，而那个男孩因此改变，真的和女孩说话了，转变了态度，那么这种改变究竟是出于爱，还是因为被女孩指责之后，他感受到了内疚，觉得自己处于男友的位置这样做不应该，因此调整了行为呢？

我没有答案。

但是，每一个希望得到爱的人都可以问问自己这个问题——你在关系里想要的是对方爱你，还是只需要对方出于内疚、压力，按你的期待，做出一种爱你的样子就可以？

地铁上的那个女孩，其实想要的是男孩可以在这段路程中，和她面对面聊聊天，而不是一直对着自己的手机玩游戏。

但是当一个人向另一个人表达自己想要的东西时，如果开口就是对对方的指责和攻击，那么就难以得到想要的东西了。

假如被爱是你的愿望，如何表达它才最好呢？

你的婚姻到底谁说了算?

//
婚姻的选择,
最终是自己的选择。
自己说了算的婚姻,
才是幸福的基础。
//

结一个父母不赞成的婚,究竟会不会幸福?每一个遇到这个问题的年轻人,或许都和另一半在经历着一种成长的阵痛。

最近我才知道,我认识的一个“90后”女孩经历了一场痛彻心扉的分手。而她恋爱的告终,竟然是因为“我和男朋友八字不合,男朋友父母反对”。

回顾恋情,她满是感叹:“那么温柔贴心、积极向上的人,居然在这样的大事情上无法坚定自己,当时我们都很难熬,努力争取了很久,但他父母如山推不动,太难了……甚至到最后,他父母都没有问过我是什么样的人……”

我以前觉得“八字不合”这种干涉恋爱的理由就是无知父母的愚昧偏见罢了，一笑而过就好。

然而，当我看到这个所谓的“偏见”，竟然厉害到直接终止了两个并不愚昧并且经济独立的年轻人的感情，让他们不得不伤心地选择了分手，这是不是意味着：尽管我们已经可以从心理学的角度去高谈阔论原生家庭；尽管我们总在朋友圈转发“要对父母明确自我界限”的文章以表明自己独立的姿态；尽管我们总是嚷嚷着“我长大了，我要活出自我”……然而，父母对于孩子人生的介入和控制，还是在以一种极有影响力的方式在大家的人生中大面积存在着。

“结一个父母不赞成的婚，会幸福吗？”

当这个问题摆在眼前，其实引出的是另一个问题——幸福的关键并不是父母关于你婚恋的建议说得究竟有多正确，对你的未来多有远见，而是，你能不能在父母“不认同”的日子里，与父母“不认同”的伴侣，快乐地生活？

关于婚姻，你能不能不被父母的“不认同”影响？

这才是真正要去回答的问题。

［1］

有个来访者，年近三十岁，单身，因为焦虑问题来找我咨询了很多次，其间他谈起他的母亲，他说他非常担心忤逆他的母亲。

他最近交了一个女朋友，他就特别害怕母亲嫌弃女孩的家世，他设想到如果这种嫌弃发展下去可能会出现很可怕的后果。

“假如妈妈嫌弃女友的家世，你觉得可怕的后果是什么？是你们会不得不分开吗？”

“我觉得万一最后要分开，我还是可以接受的，毕竟我们也是成年人了。”

“那么在你心里，可怕的后果会是什么呢？”

“我害怕以后如果我要和女友结婚，我妈妈不喜欢她，和她相处不来，我妈妈可能会崩溃。”

他说“自己和女友都是成年人，可以接受分手”，可是他害怕的是“妈妈会崩溃”。

在他的世界里，妈妈不是一个成年人，无法对自己的情绪负责，因此，他需要做的就是尽可能地让妈妈对自己的生活满意，从工作到恋爱，从爱好到婚姻，但他却只能因此压抑自我。

当然，这也许是一个稍显极端的例子。

无论是说八字不合，还是嫌弃家世较差，抑或挑剔身体不好、性格不佳，父母发表的这种“强烈的毫不掩饰的评价”以及给到孩子的压力，甚至是明确的分手指令，其实都是在表述着这样一个内容——“我不赞成你爱他”。

但是很多人在选择伴侣时，面对父母这种不赞成的表达，第一时间想到的不是父母正在做一件严重“越界”的事情，而是本能地希望可以做点什么让父母赞成“我爱他”，认同“我爱他”。

这是很多人习以为常的反应，我们根本意识不到，这是父母对我们个人边界的跨越。

当我对一件事说“我赞成”或者“我不赞成”的时候，就意味着，我对这件事拥有决定的权力，或者拥有部分决定的权力。

但实际上，父母对于你的爱情和婚姻，并不拥有赞成与否的权力。

因为这是你自己的事情，这是你个人边界内的事情。

作为一个“成年人”，你是无视这种边界的突破，还是立刻以一种明确的态度去划清你的边界？你是不是特别渴望，你的父母能够对你的选择持有一种“赞成”的态度，极度希望得到他们的认可，特别是在你恋爱这件事上？

［2］

从和父母浓厚的亲情角度出发，我们希望父母能够喜欢我们喜欢的人，这无可厚非。

从心理学的角度来说，因为我们对父母有着天然的认同，也渴望被父母认同接纳，所以我们希望自己的婚恋选择被父母认可，这也是可以理解的。

但是，面对这样的“渴望和希望”，你愿意以什么样的代价去实现？你愿意不惜放弃一个自己喜欢的人，去找一个让父母更满意的人吗？

原生家庭不但在过去给我们带来了一些创伤，也在当下对我们的生活施加影响。

有的父母在年轻的时候，没有去经营自己的人生和关系，而是把所有的精力都投入在子女身上。至少，他们一直是这样对子女描述的。

在他们讲述的人生故事里，他们把自己变成了一个牺牲者，也把对成年子女的各种控制和索要变得理所应当。

但是，这真的是父母的“牺牲”吗？有的爸妈自己不会处理亲密关系，把婚姻搞砸了，后半辈子不成长、不努力也不反省，然后对孩子说：“我为了你才没有再婚！”有的爸妈自己事业失意，接受不了挫败，心灰意冷再也爬不起来，却只会不断埋怨过去，然后对孩子严苛至极：“我把全部的心血放在你身上，你一定要出人头地！”

这类父母有一种共性，就是没有自己觉得有趣的、值得投入的世界和生活，没有去经营和关注自己的生活，去寻找自己的价值。

他们只会把所有的愿望都投注在孩子身上，从孩子身上体验成就感、控制感、价值感以及对生活的全部期待。毕竟孩子是可控的。一旦这种控制习惯了，也就不会再放开了。

当孩子长大，爱上一个人，想要和某个人结婚的时候，这类父母第一时间想到的是“我喜不喜欢那个人”。

他们一定要表达“我觉得你爱的人如何如何”“我怀疑他如何如何”“八字不合你不会幸福”“你未来婆婆那样你日子肯定难过”，甚至“她屁股不够大，不易生男孩”这样的奇葩理由都上了台面。

这里面虽然有父母对子女的操心和担忧，但也有很多对于在子女人生中继续指手画脚这种权力的贪恋。

潜台词是：“我要在你的人生选择上、爱情上、婚姻里做主，我是对的，我是有价值的，我对你是极其重要的。”

因为他们没有意识到，也永远不会意识到，孩子其实并不是真的属于他们，孩子的人生，不是属于父母的人生。

你也许无法改变你的父母，但是你能完成这种和父母“共享生命”的分离吗？

[3]

要成为一个真正的成年人，完成和父母的分离，需要克服的障碍是内心的内疚和恐惧。

我们爱自己的父母，这是天然的，我们也从很小开始，就本能地认同我们的父母。小时候，即使我们想要表达自己的意愿，但还是希望在表达的同时，也能看到父母欣然接纳的笑容。长大后，即使我们知道他们有做得不对的地方，但是我们的本能深处，还是一直流淌着对他们深深的认同。

“如果我做的一件事情导致了妈妈的痛苦，我会极度内疚。所以我绝对不能背叛她。”

其实无论是我的来访者，还是因为八字不合和女朋友黯然分手的男孩，都有着两种对父母的深切情感：内疚——违背父母就是背叛，背叛令自己内疚甚至有负罪感，并且无法容忍这样的自己；恐惧——害怕父母因为自己出现可怕的状况（父母崩溃、痛苦）。

所以，当我们可以去谈论这种内疚和恐惧的感觉时，也许我们就能看清——我如此地需要“我的婚姻或爱情”被父母认同和赞成，其实是因为，我不能面对那种和他们不一致所带来的内疚，以及走向独立的背叛带给我的负罪感。

也就是说，假如你能够成长到可以处理你对父母的内疚，认同你的人生本来就属于自己，意识到自己没有义务不断让出边界，让父母获得控制感和价值感的时候，你就可以获得你自己说了算的婚姻。

两个人的关系已经充满未知和挑战。如果是四个人或六个人的关系，要满足和平衡四个人或六个人的内心需求，那么这关系失败的概率会高出更多。

自己说了算的婚姻，才是幸福的基础。

[4]

结一个父母不赞成的婚，不一定幸福，也不一定不幸福。

但是假如你和一个特别需要获得父母赞成和认同，违背父母就觉得亏欠、内疚和罪恶的人结婚，你可能会很难幸福。

因为他的人生不属于他自己，他还背负着父母的价值需求以及人生乐趣。

他要替父母实现他们的人生理想和抱负。

那么你和他在一起，要保持和谐和爱意，你也就需要去配合这种“共享人生”。如果不能配合，你的另一半就会陷入强烈的内心冲突，你也很难独享幸福。

有一位找我咨询的来访者晓红，她和丈夫结婚五年，婚姻陷入了危机。

她的丈夫和婆婆的共生关系给他们的婚姻带来了很多痛苦。

她说她和婆婆的关系特别不好，她们完全是两个世界的人。

一开始婆婆就不喜欢她的性格，后来她生了孩子，婆婆说她肯定带不好，就在丈夫的支持下“抢走了”孩子。后来她以离婚相威胁，才把孩子要了回来。

然而，当她要回了孩子，却无法和丈夫建立起幸福的婚姻关系。

因为丈夫虽然为婚姻做了一个违背母亲的决定，支持了自己的妻子，但是随后他因为违背妈妈而产生了巨大的内疚，这让这个男人必须以某种方式“伤害”妻子来达到内心的平衡。

他会在语言上，时不时地攻击她一下；他会在小事情上，时不时挑剔她；他会在她生病的时候，表现得不那么温情甚至冷漠……

一面选择违背自己的妈妈去支持妻子——这是他内心想要成长的需要；一面因违背妈妈产生的愧疚而去伤害妻子——这是他内心想要寻求的平衡。

这两种潜意识的冲突几乎要拖垮这个婚姻，但也是她的老公自己无法很快控制和解决的。

面对这样的场景，晓红只能暗自神伤，她已经没有力气继续坚持，等丈夫完全长大，长大到可以成为独立于他妈妈的存在。

而在此之前，或许这段婚姻只能艰难地一点点前行——这大概是与父母“共享人生”不可避免的婚姻困境吧。

[5]

“不被父母认可的婚姻，能获得幸福吗？”

这个问题，其实问的是——我们是否能从“共享人生”中脱离，完成真正意义上的“成年”。

一个人的“成年”并不是以年龄为界限的，而是以“你有多大程度可以不再需要得到父母的认同，也能坚持自我”作为界限的。

婚姻的选择，最终是自己的选择。

当你选择的人得不到父母认同，违背了父母的意愿，而你既不会特别内疚也不会特别希望去说服和改变他们的时候，当你能够分清自己和父母的边界时，那么，结一个父母不赞同的婚，你也完全有可能幸福。

更重要的是，那样的你就是一个真正的“成年人”了。

“离婚后，折磨我五年的病突然好了”

//
婚姻的选择，
一开始我们就是在盲人摸象，
这才是关于婚姻的真实。
//

二〇一八年快结束的时候，我收到了一个好朋友的微信，说她离婚了。

她说，离婚后，折磨她五年的慢性湿疹突然就好了。很神奇是不是？但是，其实也可以理解。

“我花了五年时间，才接受了自己婚姻的失败，又花了五年才从受害者心态里走出来。整整五年，我都沉浸在对他的怨恨里。而在决心整理这个关系的时刻，我发现我对他的怨恨也没有了，然后我的湿疹就这样神奇地好了。”

她说这段成长来得太晚。

而我对她说：“好在你只用了五年，而不是一生。”

在一段婚姻当中，最可怕的并不是你遇到了一个不那么适合的人，也不是你遇到了一个曾经符合你的想象，但他在婚姻中的表现却完全与你的想象相反的人。

最可怕的是，你把自己当作一个受害者，并一直活在受害者的位置上。

而真正拖垮婚姻的，拖垮你人生的，不是别人，正是这种**“受害者思维”**。

[1]

婚姻，对于每一个选择踏入婚姻的人来说，都是考验。

如何面对婚姻中的各种考验以及随之而来的挫败、委屈和伤害？

你可以做一个受害者，将所有问题都放在对方身上，在控诉对方的过程中，不断发泄永远也发泄不完的怨恨；也可以从“我”出发，去想想这一切糟糕现实的背后究竟发生了什么，“我”在其中又扮演了怎样的角色，这段糟糕的婚姻真的完全是因为对方很坏或者有缺陷吗？

如此，才能找到**关于关系、关于自我、关于婚姻**的正确打开方式。

无论你是继续这段婚姻，还是结束婚姻迈向人生的另一阶段，从“我”出发的思维方式都比“受害者思维”要有益得多。

也许你会说，我知道以上道理，但我好像做不到。

就像我的朋友，活在“受害者思维”里五年时间，离开婚姻后，她的身体都变得好了，但是是什么让她一直在这种心态里拔不出来呢？

尽管“受害者思维”并不利于一个人自我的成长和两个人婚姻问题的解决，但是为什么我们还是常常争先恐后地要在婚姻中和对方争抢受害者的位置呢？

我想，在开始时，对于婚姻，我们总是过于自信。

我们对于婚姻的预期，不是一种合理的预期，而是一种过度的期待。

因为我们太渴望幸福，渴望产生连接，渴望从另一个人身上找到童年缺失的爱。

于是我们以为，婚姻就是来解决这一切痛苦的，其实我们错了，**婚姻不是一种解决方法，婚姻是你们俩原生家庭模式的强迫重复，是你们潜意识中创伤的真切呈现。**

婚姻本身就是充满考验、充满难题的，可是我们却把这件事想得太简单。

而当现实击碎了我们关于婚姻的瑰丽梦想时，我们又往往承受不起这份残酷的挫败，也承担不了如此惨重的人生代价。因此，我们需要有一个简单的方法，来帮助我们面对这个不在预期之中的真实，所以，很多人一瞬间就站在了受害者的位置上。

当婚姻不如预期，当关系无法满足自己，当体验到伤害、无

视和羞辱时，你感受到的是失控感。

站在受害者的位置有两个好处：一是免责，即这件事的失败，不是我的错，这样我就可以免于对自我的责难；二是可以去谴责对方，即这件事的失败都是因为伴侣有问题，那么我就可以把对婚姻失败的这部分愤怒、不甘和难过都发泄到对方的身上。

毕竟承认自己也有问题，是需要勇气，也是需要自我力量的。

而改变自己，也是异常困难的。

所以，将过错都放在对方身上，强烈要求对方做出改变，比反省自我、改变自我要简单得多。

这就是“受害者思维”广泛地被大家应用于两性关系的原因。

[2]

“受害者思维”虽然在当时会让你感觉好受一些，让你有资格去指责对方，可以暂时（或永远）不去面对自己的问题，但是，如果你一直使用它，那么它会令你付出更惨重的人生代价。

受害者思维，会造就互相怨恨、终日指责对方的伴侣。

如果每个人都想通过指责对方、改变对方的方式来解决问题，那么结果就是谁也赢不了。婚姻变成了每一天的战争，在极其微小的事情上，两个人都要为对错争个面红耳赤。要不然就是谁也不愿意改变，谁都觉得对方是坏人；要不就是有个人被迫改变和压抑了自我，这种长期的压抑也不会给婚姻带来真正的幸福和快乐。

受害者思维，会让你活在一种婴儿般的感觉里，完全没有成长。

你所经历的现实生活，都和你的选择相关。不管你的选择是被动还是主动，那都是你的选择。

而受害者思维，则是将自己当成了一个没有行为能力的婴儿。

一个婴儿如果没有得到父母好的养育，那么他的确是一个受害者，因为他不能动、不能说话，他也不可能生病了自己找药吃，饿了自己泡奶粉喝。

所以婴儿的现实取决于外部环境，取决于父母。

如果婴儿没有得到满足，那么他只能怪有行为能力的大人没有尽责地好好照顾他。

婚姻中的“受害者思维”，就是近似于婴儿般的思维模式。

“我是没有行为能力的，所以在这段婚姻关系里，你就是要负责给我快乐，负责满足我的需求。如果你没有，那么我就要攻击你，那么我就是婚姻中的受害者，你就是那个害我的人。”

拥有受害者心态的人划分对错的方法很简单，但也很偏执，这是一种如婴儿般的偏执。就像心理学中说的，在母婴关系最初，对于婴儿来说就是：妈妈在我饿的时候，及时出现给我喂奶，她就是好妈妈，我爱她；如果她没有及时出现，妈妈就是坏妈妈，我就要攻击她。

婴儿交替体验着这两种偏执的心情，心理功能慢慢发展后，才能整合“好妈妈和坏妈妈”，在内心建立对妈妈的理解和信任。

如果婚姻是一个简单讲对错的地方，那么这就是一个“婴儿般的婚姻”。

“你满足了我，那么你就是好伴侣，你不满足我，那么你就是坏伴侣，我就是受害者。”

这种心态和婴儿是完全一样的。

假如，婚姻的主体，并不是一个真正的大人，他完全忽略了自己的行为能力，不去觉察自己和对方的内心真相，也不去思考各自原生家庭的模式在两性关系中带来的冲突，他只负责索取，索取不到就要攻击，那么这样的人，这样婴儿般的婚姻，如何获得成功，造就和谐与幸福呢？

尽管受害者思维会让你回避失败的冲击和自己内在的问题，但是它会让你定格在没有主动行为能力的婴儿的位置上，当你将自己当作受害者时，你也就像婴儿一样将自己所有的幸福，都放在了对方的手中。

连母亲都不完美，都会给婴儿带来创伤，更何况你的伴侣只是一个充满缺陷的普通人。如果你把自己当作一个被动接受的无辜受害者，将一切责任交给你的伴侣时，他又会带给你什么呢？

有人会说：“我要求得不多，而且我付出得很多，可是他还是做得很差啊！难道我不可以指责他吗？难道我不可以要求他吗？”

问题是：你指责他，他就会改变吗？你要求他，他就会做到吗？

受害者，其实内心也会默默攻击自己。更糟的是，受害者会失去对人生的信念。

很多女性在感情受挫后，就失去了对两性关系的信念。

但如果她们愿意从受害者的位置上离开，她们就会看到另一种真实——不是这个世界上的男人都是坏男人，男人和女人都不完美，是我们对自己和他人都太不了解。

我的好朋友五年来一直怨恨着她的伴侣，哀叹自己的婚姻，这种怨恨和哀叹，其实也一样会伤害她自己。

“我一边怨恨他，一边觉得自己很惨，觉得自己不被爱，自己命很苦，回顾过去的每一天，我一点也不轻松快乐。”

活在对别人的怨恨里，继而贬低自己，或者在内心写下“命运对我很不公平”的句式，年复一年地强化、印证。

作为受害者的恨意和愤怒不但攻击了对方，也伤了自己。

别把婚姻叙述成一个有“受害者”和“施害者”的故事。因为那样的故事肯定是悲剧故事。即便你扮演的是一个可以指责对方的受害者角色，但是你出演的仍旧是一个悲剧。那么这个人，又怎么可能活在快乐和解脱之中呢？

当你把婚姻中的另一半定格为一个坏人时，你就把自己定格成了一个可怜的人。

但其实，这不是婚姻的真实，这只是我们习惯性采取的一种对失败婚姻的应对方式。

关于婚姻，哲学家、小说家阿兰·德波顿曾经写下这样的一段话：任何一个潜在的婚姻对象都是有瑕疵的。在结婚这个事情上，悲观一点是明智的。一个人独自生活的时候，总是会产生一种错觉，觉得自己是一个很好相处的人。我们对于自己的人格如此缺乏了解，也就难怪我们不知道自己想要找怎样的人了。

这句话，剥开了大家对婚姻不现实的理想化幻想，道出了婚姻的真相。

我们想当然地认为，婚姻多半是幸福的，如果选择了一个好伴侣的话。

我们总是去想方设法地屏蔽关于婚姻那部分近乎残忍的真实——**它不是恋爱，它是两个人以极近的距离构建家庭关系，在日复一日亲密的相处中，每个人连自己都不熟知的阴暗面和创伤点就会暴露无遗。**

我们怎么能如此自信，觉得婚姻理所当然会成功，伴侣理所当然应该令自己幸福？

就像阿兰·德波顿所说：**“和错误的人结婚，可能是人一辈子最昂贵的一个错误。”**

我们都只看到了自己和对方的某一面，我们并不完全了解自己，我们更不是真的了解对方，了解是一辈子的事情，但婚姻却是一个在特定时间在某些动机的促成下做出的选择。

所以完全可以说，**婚姻的选择，一开始我们就是在盲人摸象**。

这才是关于婚姻的真实。

也就是说一段不幸福的婚姻并不能简单地归咎于谁对谁错，而是从一开始就可能是你有你的缺陷，他有他的缺陷；你带着你的原生家庭印记，他带着他的原生家庭印记；你带着你的强迫性重复，他带着他的强迫性重复。

你们彼此吸引，但又没有能够全然了解对方，在感情的冲动下，在对婚姻的憧憬中，在对完成婚姻大事的焦虑中，在对建立情感连接的渴求里，你们走进了婚姻——但这并不意味着你是一个懂得并适合婚姻的人，不意味着你足够成熟到不会在亲密关系里暴露你所有的内在瑕疵，也不意味着你和他在一起就是一个非常正确的选择。

假如**放弃受害者心态**，不再像婴儿般想当然地在对方身上索要幸福，能够接受婚姻的真相，也能承受住婚姻的失败，那么你就可以尝试像个有担当的成年人一样，对自己的关系负责。

1. 先搞清楚自己和对方原生家庭的创伤点在哪里，自己的模式和对方的模式又是什么，比如你缺爱，他也缺爱，那么你拼命找他要爱，他也会给得很困难；比如你说的话总是带着控制，而他的表达方式总是疏离、拒绝，这都是从何而来。

2. 意识到潜意识和原生家庭是我们改变和控制不了的部分，意识到人格模式不是我们的思维可以改变的，然后再去评估，在理解了彼此“缺陷”的情况下，你们还能否去做各自的调整，调整后能否让关系达到某种平衡，让双方都感觉可以继续。

3. 如果你和他真的并不适合，你们都有着无法改变的内在模式，而这种内在模式又只会给对方带来痛苦，不是不想去改变，而是努力了也改变不了，那么就好好考虑，除了痛苦你还有什么收获，这段关系对于你的意义是什么，以及你是否还要将这段关系，延续到生命的尽头。

无法停下来的工作

//
如何以一个平凡的普通人的身份活着，
如何去认同那个普通的不够完美的位置，
洗掉父母投在自己身上的那个“你一定很了不起”的人设，
克服因“我是一个普通人”而对父母的那种内疚感，
战胜“我如果不优异”就会被父母抛弃的恐惧，
这就是自我接纳的课题。
//

[1]

我有个朋友S小姐，法国海归，人美，文笔好，还会弹古筝。她一肚子诗词歌赋，极爱阅读。就连吃东西她都和别人不一样，吃得比较有水平，她知道哪家日本料理的鱼生最好吃，从货源到师傅的切工，她能写出极有质感的美食小文。

她在一线城市中心地段有一套房产。她不算富豪，但是也不差钱，反正能养活自己，让自己保持在一种较高的生活水准上是足够了。她单身，并且觉得单身挺好，也不急着找另一半。

看上面的文字，也许大家想象中的她，应该是个优秀、自信、洒脱又幸福感极强的姑娘吧？像这样的姑娘，应该是比一般人要活得轻松很多吧？但是，想象总是单方面的。

S小姐其实是一个活得很紧张的人。我每次见到她，她总是很忙。她用一堆事情把自己填满，折腾完一个项目就折腾另一个项目。她手头的事情实在是顺利，都忙完了，闲下来了，不用操心、焦虑和着急了，这会儿该歇了吧？她不行，为什么不行呢？

她说："闲下来就慌。"

渐渐地她也发现了自己这个模式，好像在一个圈子里，总也转不出去——她停不下来对自己的要求，一件事干完，就像升级打怪一样，她一定要锁定一个相对更困难的事情让自己去做。

当然，这个模式，在很多人看来，并不是一件坏事，这不就是"进取"吗？一个目标完成了，肯定要锁定下一个目标啊！可是，这个模式实际上就是一个让你根本无法放松和快乐的模式。她的口头禅是"等我把这件事忙完"，然后呢？然后她并没有真的忙完的那一天。

[2]

为什么闲下来就慌呢？

问这个问题的人，可以都问问自己以下这个问题——为什么让自己舒服了，就会觉得很不舒服呢？

单看这个问题的字面，我们就能得出一个浅显的答案，一个人不敢去舒服，不能去舒服，一定是因为在这个人的潜意识里，舒服是一件很可怕的事情。

如果我放松了一下，如果我尽情地玩耍，如果我感到幸福快乐，如果每当这个时刻，就会发生一个极为糟糕的事情，就会突然经历一种极为糟糕的体验，那我肯定会尽力避免舒服。

每个人都想活得快乐。我的朋友S小姐和大家也是一样的。

可是为什么她明明有资本去享受人生，却总是对自己要求苛刻地、毫不放松地去做一件又一件事情，让自己长期地处于一个高压状态之中呢？

那是因为，如果一直待在不舒服、紧张和焦虑里面，就不用体验那种比不舒服、紧张和焦虑更糟糕的感觉。

还有比不舒服、紧张和焦虑更糟糕的感觉吗？

有啊！被抛弃的感觉，不被爱的感觉，永远失去妈妈的感觉，不被看见的感觉，被彻底否定的感觉，被羞辱的感觉……如果我不够优秀，如果我停止努力，如果我放松对自己的要求，那我就会体验到以上这些极为可怕的感觉。

不！那么我还是不舒服、紧张、焦虑、不放松、自我苛责，不断鞭策自己成为一个更优秀的人吧！

S小姐的童年故事，很令人心酸。

她在学校是一个品学兼优的孩子，常常参加文艺表演，演讲、朗诵、跳舞等比赛经常拿奖，后来升学、工作各方面都很优秀。

她妈妈这样说：“你如此有出息，是因为我一直打你。我要是当年不打你，你还不知变成什么样子。”

从她读书开始，她妈妈常常是抄起什么就拿什么打她，她身上经常被打得青一块紫一块。

她说，只要她有一点点让妈妈不满意，妈妈情绪上来了，不管什么场合，哪怕是大过年十几个人围在饭桌上吃饭，她妈妈也会不顾所有人的劝阻把她推进厕所，关上厕所门，对她一顿打。

她说：“那种打，可以用‘毒打’来形容。”

不管在家里还是外面，妈妈不爽了，就对她破口大骂，朝她脸上扇耳光。

她读初中了，妈妈不再打她的脸，说是怕别人看见笑话她。伤痕都在身上衣服盖住的地方。

我问，她父亲为什么不拦阻？她说，因为拦不住。

“没有人帮我。我那时候的感觉就是，没有任何人可以帮我。我必须要让她满意才行。我考第五名，回家就是一顿打，因为我妈妈觉得我应该考前三名。”

“第五名也很好啊！”

“好不好，是我妈妈说了算。她有她的标准。我不知道那个标准是什么，反正达不到就会被打。”

S小姐说，学校老师其实都知道她妈妈打她，但是她妈妈和老师们关系都搞得很好，于是老师们也站在妈妈那一边，觉得她被打也是正常的。这就是她妈妈一心想教育好她的一种方式。

我记得，S小姐对我说过：“我妈说，我就是值得被打。”

说这句话时，她是笑着说的，是当作一个笑话对我说的。

但是这个笑话听上去，却是那样的悲伤。

我听完了她这样的童年故事，就理解了她为什么不能让自己停下来，为什么不能让自己舒服，为什么总是要把自己搞得紧张、焦虑，为什么总给自己提出很多苛刻的要求。

因为，她这样去做了，一直这样做下去，“内在的妈妈”也许就会满意了，就不会再打她、羞辱她、恨她，甚至，会爱她。

[3]

你也许会问，这是一个什么样的妈妈，竟然会这样对待自己的孩子？

我想，这个妈妈也许只是稍微极端一些、暴力一些，心理问题和人格问题更严重一些。但是同类型的母亲，多着呢。

她妈妈当年为了弟弟妹妹，没能去读大学。她妈妈和S小姐一样，天资优异，成绩好，长得漂亮，能歌善舞。可是，她因为家庭原因，没能去大学深造，十八岁就不得不参加工作，赚钱养家。

让一个人真正成为“问题父母”的原因，并不是读了大学还一事无成，而是这个人因为某些“别人的原因”没能去读大学，没能选择自己喜欢的人生道路。于是她心里有恨；于是她觉得全世界都欠她的；于是她觉得如果自己读了大学，就一定能改变世界，一定会实现全部的梦想，成为一个了不起的人，拥有极其幸福的人生。

因为她没有能够去经历，所以她只能去幻想。

因为没有去经历，也没有过“幻灭”，所以这些幻想她都以为是真的。

这就是很多父母的问题。

可以说，很多人的父母从未真正“脚踏实地”地去达成对这个世界整合的理解。

整合的理解就是——**即使我不需要为家人付出，如愿考上了大学，我也还是会有很多人生挫折，我也不可能就此过上理想中绝对幸福的生活。**

这是理解了真实世界之后的成熟。

但是在这一点上，很多父母更像是婴儿。

有着婴儿般的自我认识——一会儿感觉自己无所不能，不需要说话行动就有人为自己服务，送上奶、盖上被子，这是婴儿；一会儿又觉得自己弱小得不行，需要得到母亲的回应才能活下去，这也是婴儿。

所以，很多心理发育不良的“婴儿式父母”，一方面自我中有一种“迷之自信”（夸大自体），其实是幻想，在幻想中自己无所不能，可是一身武艺没有机会施展，是这个社会欠了自己；一方面自我的实质又极其虚弱、自卑、价值感低，处处依赖控制他人才能确定自己的存在感和价值。

这样的人，成为父母之后，就将孩子当作另一个自己，觉得他这次总应该能活出自己当年的梦想了吧。

可是，这个标准究竟在哪里？孩子做到怎样的程度才能让父母满意，让他们觉得可以了，够了？

答案是，这个标准根本就不存在——因为S小姐的妈妈，自己并没有去亲历过大学以及大学后的人生，所以她幻想出了一个完美的人生、完美的人设放在自己女儿身上。

S小姐，她是一个承载了母亲幻想的孩子。那么无论她怎么做，都是达不到那个幻想的。

因为在妈妈的自恋幻想里，她自己就是神，只可惜生错了年代。

这就是这个故事最悲伤的部分。

（在这里解释一下自恋人格障碍，通常，这是一个人幻想中的夸大自体和一个虚弱的自我同时存在的情况。大家可以理解为这个人会幻想自己很厉害，但其实内在的自我又很虚弱，很匮乏。这是有自恋人格障碍的倾向，但不可简单定义为人格障碍。）

如果你能看到这个你与母亲或父亲之间的真实故事，那么你就已经不是昨天那个为了满足父母的幻想而去努力的你了。

因为你知道了。

知道了，当然就不同了，知道的此刻和不知道的昨天，就不会完全相同了。

这就是我们打破原生家庭循环最好的方法——**去不断看见故事的真相**。

如果S小姐知道了妈妈是如何在过去的三十年中，不断以强有力的控制去投射，去强加一个“绝对优秀”的人设给自己的，那么她就可以拒绝这样的投射以及妈妈强加给她的人设。而现在她的确已经在这样做了。

她决定去度假一个月，什么都不干，她说，待在舒服的状态里，虽然让她慌张，但是她也可以去慢慢适应。

最后放一段我和S小姐的真实对白。

“小时候你妈妈是否觉得你是个很特别的孩子，觉得你很与众不同？”

“是的！我妈妈觉得我很特别，甚至觉得我可能会有特异功能，觉得我很可能会考上清华北大。”

“因为你是你妈妈的幻想。所以，**也许这辈子你的功课就是学习做一个普通人。**”

第三章

和内在的自己相处

和内在的自己相处

我看到你的愤怒，正在毁掉你

//
当一个人身处愤怒之中时，
她恨不得毁掉全世界。
//

［1］

当一个人身处愤怒之中时，她会有一种想要毁灭全世界的感觉。

愤怒之火熊熊燃烧，如果真的如她所愿，能将这世界烧得片甲不留，那么她自己也会一样，被这愤怒的火焰燃烧，直至化为灰烬。

《三块广告牌》讲述的是一个少女被害后的故事，电影通过不同的人物呈现了法律、种族、人性等冲突，可以说每一个线索都独立成章，值得我们深入思考。

但是，我想说的是我从这部电影里看到的有关愤怒的故事。

少女在小镇荒僻的路上惨遭奸杀，单亲妈妈米尔德雷德痛失爱女，可案发七个月了，警察却毫无线索，并且也表现得似乎要让这个案子就此翻篇。于是米尔德雷德用自己的全部积蓄加上变卖的一些财产，凑齐了广告费，租下爱女被害那条公路上的三块六米多高的广告牌。

每块广告牌上分别写着一句话——

“爱女在此惨遭奸杀”

“凶犯至今逍遥法外”

“警长威洛比你接下来要干吗？”

这是母亲在愤怒和痛苦中对凶手和小镇警察局的拷问。

爱女就这样被残忍地伤害了，但是除了这个结局，她什么也没有得到。

她不知道当时发生了什么，没有人告诉她女儿在生命的最后时刻是如何度过的。她无法将凶手绳之以法，更重要的是，无论什么都换不回爱女鲜活的生命了。

她花光积蓄制作的巨幅广告牌，是她愤怒的表达。

表面看，她愤怒的焦点直指小镇警长威洛比。

“总得有人对此负责。”这是愤怒的母亲面对警长说出的话。即使她很清楚，警长已经身患胰腺癌，并且只剩下几个月的生命，她还是对恳请她将广告牌撤下的警长说：“如果你死了，那这些话对你就没有作用了。”

在那一刻，似乎在她看来，警长就是那个凶手。

随着电影的推进，这位定格在“受害者”形象的母亲米尔德雷德的生活背景被逐渐拉宽，变得清晰、立体，不再狭窄单一，然后我们就能体会到，她那巨大的愤怒尽管以责问警长威洛比的形式宣泄在巨大的广告牌上，但其实这愤怒里面包含了很多很多。

她恨这命运，她恨奸杀她爱女的凶手，她恨因出轨而离开她的前夫查理，她恨过分关注种族问题却在破案上无能的小镇警长，她恨七个月过去案件却仍然毫无进展的现实……

更重要的，也是最深刻、最强烈的一层——她恨和女儿关系破裂的自己；她恨那个在女儿遭遇奸杀前，和女儿吵架并对她吼出“我希望你被强奸”这种恶毒话语的自己；她恨既没有借车给女儿，也没有给女儿打车钱，间接导致爱女遭遇惨剧的自己。

她无数次地在午夜梦回时觉得爱女遭受这样的惨剧是自己导致的。她可能无数次地去想：假如我可以是一个更好的、和女儿关系更和谐的妈妈；假如我保住了婚姻；假如我能够在那天借车给她，或者给她钱让她打车，或者阻止她出门；假如我没有对孩子说出“我希望你被强奸”这样可怕的话语，也许悲剧就不会发生。

如果说，米尔德雷德对警察的愤怒可以通过广告牌上血淋淋的三句话表达出来，那么米尔德雷德对于自己巨大的愤怒，是无法表达的。

[2]

她愤怒的故事，其实正在以不同的版本在很多人身上演绎。

我们用对别人的愤怒，掩盖对自己更为巨大的愤怒；我们用对别人无情的攻击，来代替那些对自己的强烈攻击。

愤怒这种力量是如此真切而巨大，它不可能凭空消失，如果将它视为一种能量，它必然导致某种表达和行为的产生，如果你压抑它，那么这股破坏性的力量还是会以其他方式，在别的时间地点，发出它的声音。

有的人由于长期压抑愤怒，患上了癌症，或者抑郁症。

前者是愤怒被压抑得太深，所以意识已经体验不到，所以它攻击了这个人的身体；后者是愤怒无法导出，转而在潜意识里不断向自我发起攻击，这种破坏性力量是心理疾病的动因。

还有很多人像米尔德雷德那样，不需要思考，不属于刻意，但是将对自己的愤怒扔出去，扔到一个可以接受这种愤怒的对象身上。

从心理学来说，这种防御方式是投射的一种。既处理了愤怒的情绪，又能够让自己稍微感觉良好一些。

她对命运愤怒，但是她无法直接暴揍命运；她对前夫愤怒，但是她已经没有资格去质问或者惩罚前夫；她对凶手愤怒，但是她根本找不到凶手；她对自己愤怒，但是她又不可能动手将自己杀死。她不知道如何面对自己的巨大愤怒，面对自己要承担的责任。

所以，她唯一能做的，就是将所有怒火导向一个可以接受这种怒火的对象身上——小镇警察局，而“总得有一个人对这件事负责”，所以她缩小了范围，直接瞄准了警长威洛比。

当如此多而强烈的怒火都导向了责任人威洛比的时候，对米尔德雷德来说，他死一百次都不够解恨。所以她不可能意识到这个人已经得了癌症且只剩几个月的生命，警长威洛比的悲伤现实换不来她任何的怜悯。

她不是不能去悲悯，而是被愤怒给淹没了。

当一个人被淹没在愤怒中的时候，她在选择（这种选择往往是潜意识完成的）一个可以投射愤怒的对象时，会毫无同情心，毫无悲悯之心，并且也不可能意识到自己的残忍、过分或者不公正。

我说这个愤怒的故事，是想说，在我们的日常生活里，我们都可能是故事中的角色。

我们可能是一个因无法处理愤怒而将愤怒指向他人的人，也可能是被他人当作愤怒投射对象的无辜者。

但这样做同样是有后果的。当一个人被你巨大的愤怒导致的行为伤害，这个人也可能会因为你打过去的这一拳转过来打你一拳，或者两拳。

电影里这份愤怒传递在各个角色之间，愤怒引发愤怒，伤害引发伤害。

而生活中，这样的故事也在到处上演。

一个人挥出的愤怒之拳，最后往往也会毁掉他身处的各种关系，愤怒之火扑向距离我们最近的他人，最终也会烧到我们自己身上。

［3］

有的人常常在关系里进入这样的场景，我好像什么也没做错，但是在那个人看来却都是错的，或者我好像只做错了一件小事，但是那个人对我的愤怒却巨大到好像恨不得我立刻消失。

于是我们觉得很受伤，甚至在关系中不断感到幻灭——“他不爱我，他从来就没有爱过我，我做错了什么？不过是一件小事，他却要说出那么无情和恶毒的话语，那么强烈地攻击我，如此后悔当初选择了我，恨不得我死掉。”

不可否认，这种场景深深地伤害了关系中的很多人，也会毁灭掉很多关系。

但是伤害你的那个人，可能就是米尔德雷德。

他也许是在恨他的原生家庭，表达他过去在父母面前压抑的那么多的愤怒；或许他在恨他无法接受的自己或者命运；更多的时候，他的愤怒是来源于他对自己的憎恨、指责和攻击。

而当你身处愤怒的狂风暴雨中时，假如你能意识到这一点，那么也许你体验到的伤害会略微减轻，假如你意识到了这种愤怒流走的路径和原因，那么这种感受虽然痛苦，但是不至于对你的自我造成进一步的伤害。

你不会因此去怀疑自己；因此毁掉自我认同感；因此责问“我是不是真的如此糟糕”；因此有“他从没爱过我”这种想法。

你会感觉好一些，他的愤怒不会毁掉你，不会引发你的愤怒和他对你进一步的伤害。

愤怒会勾起愤怒，伤害会引发伤害。

当一个命运的受害者，不受控制地用他的愤怒对你施害的时候，尽量不要从一个“受害者”，变成一个“施害者”。

米尔德雷德的救赎，不是靠愤怒的发泄。

让我们变得快乐的方式，也不是从“受害者”变成“施害者”。

压抑愤怒，那不叫“处理情绪”

//
接纳自己的情绪，
共情他人的情绪，
对于任何一段关系来说，
都至关重要。
//

关于情绪，其实我们懂得很少。

很多时候，我们简单地以为自己的愤怒、难过、委屈和羞辱就是面前这个对象说的某句话、做的某件事，某个表达和态度带给我们的糟糕感受，接着我们再“合理化”地找一个借口，将之归咎于——

“他是个渣男！”

“她不够爱我，总是以自我为中心。”

“这个人就是个浑蛋！”

“他就是想控制我，奴役我！”

“她瞧不起我，轻视我！”

“他从未看见过我……”

……

但其实，这一切都不是全部的真相。

情绪，在意识的下面，它发生的原因并不像我们的意识以为的那样。

情绪，很多时候，是被你的回忆和创伤勾起，而你的那么多愤怒、难过或者委屈，只是在重复着你的过往。

［1］

今天，你有没有被激活创伤的时刻呢？

先不要轻易回答“没有”。

我们的情绪体验，或者说我们的感受，有时候非常强烈，强烈到自己好像都被情绪淹没了。

有人会因为别人的一句话气得浑身发抖；有人会因为别人的一个判断，拼命反驳，好像说服不了对方就完全接受不了；有人会因为别人的一个眼神，就觉得自己被伤害了，低落到了尘埃里，觉得自己糟糕透顶。

不是这个人太过敏感，或者太作，更不是那顶经常被拿来扣上的帽子——“你想太多了吧”。其实是因为我们在一个情境里被激活了内心深处的记忆，被激活了埋藏在潜意识里的创伤。

当这个部分被激活之后，我们在那一刻体验到的，其实并不单单是那个事件或者那个人，一句话或者一个表情带给我们的情绪。

在这个情绪当中，如果说事件本身带给我们的情绪是30%的话，由于我们自己的创伤体验被激活，这个情绪可能会变成100%，甚至200%，变成负面情绪爆表。

因为你体验到的不仅仅是这件事情导致你产生的情绪，还叠加了创伤情境被激活后，你在当年那个创伤里产生的极端情绪。

说一个故事，其实这个场景是很常见的，在很多人的家庭里都会有。

一个妈妈，一个女孩子，还有这个孩子的外婆，她们三个当时都在家。

这两天天气变得很冷，孩子的外婆坚持要给孩子穿上一件羽绒服再让孩子出门，孩子不愿意穿，就和外婆发生了争执。

在她们争执的时候，妈妈出现了。

她跟外婆，也就是跟自己的妈妈说："既然她不想穿，你就不要让她穿了！怎么非要管她！"

妈妈的语气是比较激动的，外婆也语气强硬地回应："你看看天气这么冷，如果她不穿这件羽绒服出门，待会儿回来一定会感冒！感冒就很可能会发烧，又很可能变成肺炎！现在流感那么多……"

妈妈一把扯过衣服说："我说不给她穿就不给她穿了！我是她妈还是你是她妈！"

外婆听到女儿这样的语气，也生气地说："你怎么这样跟自己妈妈说话，我都是几十岁的人了，我不是为孩子好吗？我难道要害她？你懂不懂尊老啊？"

如果不去急着评判这位妈妈如何不尊重老人，如何对自己的妈妈说话不够克制，如何情绪失控表达过于极端的话，我们会看到，此刻的这位妈妈很愤怒，其实，她之所以会这样强烈激动地回应"不要给我的孩子加外套"这件事情，是因为在这件事情之中，她有很多很多愤怒的情绪。

如果不是评判，而是观察，一个问题就会浮出水面——为什么她会有这么多愤怒的情绪呢？

如果，你是这个妈妈的心理咨询师，如果你没有去评判她而是接纳她的愤怒，那么当你问到这个问题的时候，这个愤怒的妈妈也许会告诉你："我想起了我小时候就经常感冒，在冬天，我经常被自己的妈妈，也就是我孩子的外婆，裹得像一个粽子一样才能出门。"

"那个时候，你还记得你的情绪吗？你有什么感受？"

"我很愤怒！我不能为自己穿什么做主。"

这是一个对于咨询情境的模拟，但是，这样的情境的确常常出现在咨询里。

如果在这个时候我们有觉察的话，就会理解，妈妈的愤怒，并不是真的因为外婆一定要让孩子穿上一件羽绒服出门，也并不全然是因为孩子不愿意，外婆又再一次坚持了她自己的意见。

实际上，妈妈的愤怒如此大，是因为此刻在妈妈的心里升腾出来的这种愤怒，其实是妈妈儿时的愤怒，在她还是个小女孩的时候，她没有办法去反抗一定要她穿上羽绒服的母亲。

故事很可能是这样的。

她有一个焦虑的母亲，假如儿时的她不穿羽绒服出门去玩，她母亲的情绪可能会失控，她的母亲非常焦虑，她害怕孩子出门着凉感冒，从而引发任何糟糕失控的结果，比如发烧或者肺炎，如果自己的孩子身体出现问题，也就意味着“我不是一个好妈妈”。

所以，孩子自己的意愿不重要，重要的是“你一定要听妈妈的话，这样妈妈才能不焦虑”。

无数次地，这个小女孩都为了母亲的情绪而扼杀了自己的愿望。

她必须完全活在母亲的掌控之中，母亲才会觉得平静。

时光倒流回三十年前，没有人帮这个小女孩说话，小女孩是孤立无援的，她自我的意愿喊出来没有人听见，也没有人主张，她也许也说过“我不要穿这件羽绒服出门，因为我没有那么冷”，或者，三十年前她根本就不敢说“不”。

她的自我，在焦虑的、要控制一切的母亲面前，是被无视的，被剥夺的。

如果我们去共情三十年前的小女孩，你说，她愤不愤怒？

而那种被剥夺了自我的感觉究竟有多可怕，她又多么不想再度体验。

［2］

她看到外婆叫孩子穿衣服就如此愤怒，克制不住地对自己的母亲大吼，对一件小事如此地在意，是因为她再一次进入了和儿时相似的情境里，这个相似的情境激活了她深埋心底的记忆和潜意识的创伤。

那种强烈的难受体验，再度袭来。

儿时，你无法愤怒地呐喊出“不要”，但是现在，你可以了。

于是，她借着孩子现在这个故事，终于呐喊出了自己儿时对被母亲控制的愤怒。

这才是整个故事。

如果用这样的方式去讲我们自己的故事，我们就能更多地接纳自己的各种情绪。它们之所以存在，是因为它们不仅仅和现实相关，更和我们自己的过去相关。

在这个故事里，我们拆解了情绪，于是就看到了情绪背后的故事。

情绪不仅仅是当下的产物，也往往会叠加大量潜意识创伤中的动力。

是潜意识的动力，在搅动着情绪。

如果只是去觉察而不是评判的话，我们会看到很多故事，会看到很多潜意识动力运作的方向，于是我们会有更多对自己的理解。

这才是对情绪的处理。

这就是觉察情绪的好处。

如果因为你生气、难受、委屈，你就将对面那个人简单地定义为坏人，这很难真的让你释怀，因为如果他是坏人，那么你就是个受害者。

但如果你能读懂情绪背后的故事，看到创伤是如何被激活，情绪又是如何叠加的，那么你就对自己和他人多了更多理解和接纳。

处理情绪，不是告诉自己要宽容，不是压抑愤怒，不表达、处理情绪，是搞清楚自己的情绪究竟来自哪里，它如此强烈是否是在提示你什么。

[3]

如果读懂了这样的一个故事，你也许会发现，生活中其实很多情绪不单单是这个事件本身引起的。

为什么有时候我们身边亲近的人讲了一句话，虽然这句话看起来“没毛病”“很有道理啊”，但是听起来就是极度让人不舒服，或者极度令人愤怒，以至于你可能当场就要对他进行回击，恨不能狠狠地将他……

有时候，你明明讲的是很对的事情，对方却莫名生气。

比如说，同样是穿衣服的故事，同样的是在冬天，妻子对正要出门的丈夫说：“你怎么才穿一件衬衣？你是不是穿得太少了？外面那么冷，把外套带上再出去吧。”

妻子这句话听上去，挺温和平静的。

但是这个丈夫却被莫名点着了，他对妻子说：“你能不能不要管我？”并且也没有拿外套，就愤愤地出门了。

如果我们不去解读所谓的潜意识，如果我们不去拆解情绪背后的情绪，可能很多人都会觉得丈夫有问题，妻子被欺负了，丈夫把好心当驴肝肺，丈夫怎么能这样沟通？

但如果我们去理解这个情绪，那么很有可能在这个故事的背后，丈夫有一个曾经很喜欢控制他的母亲，这个母亲看不到自己的孩子正在一点一点地长大，有自己独立的个体界限，有自己感知温度的能力。母亲一切都替孩子做主，导致孩子有一种“我被吞噬了”的感觉。

所以他不想再被别人做主。他不想再体验这种感觉。

所以，他的反应可能是一个**应激的反应**。

被激活了创伤，他的反应和情绪可能是很剧烈的。

这就好像，一个人曾经在河边溺水，他虽然被救回，但是如果他再次走到河边、湖边或者江边的时候，他很可能会有创伤被激活后的应激反应。

他来到了类似情境下，并激活了他的创伤体验，他可能会体验到极度的害怕。因为不想再体验，所以他就不再去水边了。

他对水的反应会比别人都大。

我们很容易去理解这个曾经溺水的人怕水，却很难理解带有情绪的自己和他人。

然而，情绪其实就是一样的产物，它也有它产生的原理和路径，它的好坏与道德无关，却和潜意识密切相关。

所以和情绪讲道理的人是在压抑，而不是在处理。

别和情绪讲道理，而是去倾听，你的情绪，他的情绪，究竟在说什么呢？

这是“理解”的最高层次。

当我跟你这样说话的时候，你为什么这么生气？

当我讲到这句话的时候，你为什么如此沉默？

你为什么因为我这样说，就觉得我是一个坏人？

你为什么突然拂袖而去？

你为什么如此歇斯底里？

在很多个为什么的背后，如果我们只是简单地得出一个结论，说这个人很渣，他没有理解能力，他不够爱我，那并不是全部的真相。

那只是你意识里的一个解释罢了。

接纳自己的情绪，共情他人的情绪，对于任何一段关系来说都至关重要。

放下评判，我们会发现，人这样一个生物可能有很多的bug[①]，在我们小时候发生过的那些情景，你也许已经完全不记得，可是它其实还在你的记忆深处，在你潜意识里，有着巨大的动能，搅动着你的人生。

当你去到类似情景的时候，你的大脑不需要反应，你的情绪就会出现反应。

情绪的出现，不需要经过意识。

我们的意识常常是为了解释这个情绪而存在的。

但如果我们仅仅只是满足于用意识制造的一个合理解释，那么也许，我们会错失真相，我们会产生很多误解。

每一个人都会有自己的创伤，也会有自己的bug，你也许不知道那个点在哪里，但是情绪会告诉你。

我想，无论对自己还是对他人，接纳的前提是理解，是你愿意去看到真相而不是只会去分对错。

这才是，接纳的开始。

---

① bug是计算机领域的专业术语，意思是漏洞，原因是系统安全策略上存在缺陷，有攻击者能够在未授权的情况下访问系统。此处引申为“人的缺陷”。——编者注

与愤怒和解的N种方法

//
先接纳自己，
你的愤怒才会减轻。
然后你也会从接纳中找到能量，
去宽恕和接纳别人。
//

关于心灵，咱们别总是谈好坏——这样做是好的，那样做是坏的。谈论了就可以做到吗？

无论我们的大脑多么清楚好坏，每个人在做什么，都是因为他觉得在那个当下必须要那样做。

心理学，是帮助你去理解他为什么不顾好坏，在那个当下做出了那样的事情，比如伤害你、攻击你、无视你、冷落你；更重要的，也是帮助你去理解自己为什么明明懂得道理，却还是在那个时候重蹈覆辙，做出了很多错误的事情；帮助你停止对自己的伤害和攻击；帮助你通过接纳别人去减轻别人的所为对你造成的影响；帮助你通过接纳自己去减轻你对自己所为产生的悔恨、自责和内疚。

爱人，爱己。

宽以待人，宽以待己。

这是我在开篇想说的。

[1]

对于愤怒，我没有能力用一篇或者几篇文章让它变成一件很棒很棒的事情。而且我也不认为哪里有这样的办法，可以把愤怒变成一件既对他人没有影响，也对我们没有什么影响的事情。

愤怒就是愤怒。

愤怒的确会让我们难受，发泄会带来后果，不表达出来同样也会造成后果。

但是假如你像《三块广告牌》里面愤怒的妈妈一样，因为无法处理对命运、对前夫、对自己的巨大愤怒，而将愤怒指向可以发泄的对象——小镇警长。假如你也是这样，那么这种发泄的愤怒首先会伤害他人，而这种伤害和报复也会造成对自己的影响。

这是真相，也是因果。而且可以说，每个人都在做这样的事情。

我的表达不是为了你的改变，只是想把真相呈现出来，然后，你能看到和接受吗？

为什么“不要压抑愤怒，要释放出来”？

因为压抑、不释放，第一会对自己的身体和心理造成攻击；第二，其实你压抑的愤怒也会在漫长的时间里以其他形式表现出来。

举个常见的例子。

在夫妻关系里，丈夫经常惹怒妻子，但是妻子在心里告诉自己：“我不和他吵架，我忍他，我不表达，表达也没用。”然后埋头做自己的事情。不说话也不理会。

尽管妻子没和丈夫吵，没表达愤怒，丈夫和她的关系却也难以亲密和谐，并且奇怪的是，丈夫没有感恩戴德，反而还会经常找碴儿去攻击妻子。

妻子越发觉得丈夫很可恶。

妻子的心里觉得：“你那么可恶，我都没有对你怎么样，但是你还要得寸进尺地继续找碴儿，简直是不可理喻！”

但是这里就有一个“**压抑的愤怒如何转化**”的问题。

妻子压抑的愤怒，并没有真的消失，它变成了一种能量，也在实施着攻击。

愤怒在妻子的身体里压抑得越多，这股能量越是充满她整个身体、整个心灵。当然这个能量不只是当时丈夫造成的妻子的愤怒，还包括了丈夫的行为勾起的妻子在原生家庭时潜意识里留下的创伤。

比如丈夫惹怒妻子的方式是去否定她，而妻子在童年就常常被无视和否定，没有得到过父母的认同，是一个自我价值感不高的人，那么这种来自丈夫的否定就会勾起她潜意识里深藏的那些对于小时候父母否定她的愤怒。

愤怒叠加愤怒，能量非常巨大，但是这却是在妻子无意识里的，她自己的意识并不知道。她只知道她自己很生气，她以为她的生气都是来源于丈夫。

而人和人在亲密关系中接触时，这种压抑的愤怒一样会被对方感觉到，会令对方很不舒服。

妻子虽然压抑了愤怒，没有攻击丈夫，也没有向他表达，和他沟通，但是丈夫还是会感觉到："我好像被攻击了，但是我又说不出来，因为实际上你什么也没做。"这也是丈夫潜意识的声音。

妻子由于心里（潜意识里）压抑太久、没有处理的愤怒而不断攻击着丈夫，因为压抑了，所以她的攻击她自己也感觉不到，她也感觉不到她情绪里面带有的愤怒和排斥，表情或肢体语言里由于愤怒和不满带出的攻击和冷漠，

但是丈夫是可以感觉到的，丈夫的潜意识捕捉的是妻子的潜意识。

所以丈夫也会"不自觉"地去进一步攻击对方，即找碴儿。

也就是说，妻子压抑着没有表达的愤怒引导着丈夫继续对她进行攻击。

其实说这个冗长且有点绕的故事，我最想表达的是，一个压

抑愤怒的人，不一定就不会让别人感到被攻击。

[2]

然而，**表达也会有表达的伤害。**

你可能会把无法表达的很多复合型愤怒发泄在比较不会反抗，或者反抗的力度在你可承受范围内的对象身上。比如把对原生家庭父母的怒火放在伴侣身上；比如把对伴侣的怒火放在孩子身上；比如把对自己的怒火放在勾起你愤怒却无力反抗的人身上。

但是这种做法，当然也会影响别人的情绪，造成别人对你的“报复”。就像一些读者说的“好像我们都会欺软怕硬”，但是那个软的人积累的愤怒和委屈，真的不会有一天作用到你身上吗?

就拿子女来说，父母常常不自觉地把对自己和伴侣的不满宣泄在孩子身上，最后孩子长大了也会以自己的方式报复他们。

这就是我们不可控制的人性。

《三块广告牌》里愤怒的妈妈，她没有压抑她的愤怒，她把她的怒火都发泄在小镇警察局和警长身上了。但这种发泄的方式，也伤害了她自己。

也许读到这里，有的人会觉得这篇文章比上一篇文章还要让他生气——你既没有给我提供解决方案，还要把事情说得两边都有如此可怕的后果，你到底想怎样？

假如你对我生气，我可以理解。

但是我想问，你是不是在对真相生气？

因为你接受不了，因为你以为，一定有方法可以将愤怒变成一件好事，或者至少不要在生活中不断造成对自己和他人的伤害，只是作者没有说。

[3]

方法，其实都在文章里。

我摘了两条读者分享的阅读感受，你可能会看到，方法其实已经出现在你用心去阅读的过程中。

“让我们从旁观者或者上帝的视角，看清愤怒，了解有些情绪、有些行为后面的深层次缘由。一旦我们能看到，其实就能一定程度和解。通过学习心理学，我们可以看到自己，也就能更好地成长。”

“当我们不幸成为受害者时，我们首先要看到攻击者内心愤怒的根源，才不至于让我们的自我认同感崩塌，也不至于陷入对攻击者的反击和复仇中，我们或许才能选择另外一种保护自我的方式。”

其实两位读者已经在阅读的过程中看到了、被触动了，这就是方法。

当你去看到他人为何愤怒，为何将他无处发泄的愤怒发泄在你身上时，那一刻你的内心和自我就会更为平静和稳定，

当你觉察到自己可能正在将你很多的愤怒发泄在一个相对无辜的人身上时，你愤怒的能量就会因为你的看到而减弱。

如果你在愤怒的风暴中，能渐渐找到平静和稳定，那么你就能渐渐去和愤怒相处，你可以去理解它、分析它、接纳它，而它自己就会减弱。

如何在愤怒的海洋里，找到平静和稳定？

唯一的方法是通过真相。

真相，本身就具备力量，如果你所做的不是忙着回避和否定它，而是尝试去靠近它的话。

如果一定要问我处理愤怒的最佳方式是什么，我想没有什么最佳方式，**适合你的方式就是最佳方式**。

关于关系中表达愤怒的方式，无数文章都写了：深呼吸，如果你很气，等一会儿再沟通，描述自己的感受，而不是评判对错，不要说“你从不”“你一直就是”等绝对否定性的字眼，学会就事论事，学会换位思考……

方法多着呢，但是你做得到吗？

恐怕每一个人都知道以上的方法，可是我们还是做不到。

所以我觉得我们需要的不是改变，不是学会如何把愤怒变成一件好事，我们需要的是理解和看见。理解这件不那么好的事情，理解自己的愤怒，看到自己的表达方式为何总是如此，在理

解和看见中完成对自己和他人的接纳，完成对不美好的接纳，对无能为力的接纳，对无法控制部分的接纳。

那么你那些愤怒的能量，就会变弱。

这是我理解的方法。

［4］

我们是周身弱点的人，是被潜意识这头大象掌控着方向的“骑象人”，我们不是设置了好坏运行标准就能进行良好运转的机器，我们的理性思维能掌控的部分极其有限。

所以，我们绝对不是从不犯错的神。

如果论对错，每一天我们都在犯错。

先接纳自己，你的愤怒才会减轻，然后你也会从接纳中找到能量去宽恕和接纳别人。

你的另一半，能够给你提供“情绪价值”吗？

//
让别人快乐，
是一种超能力。
它让这个不那么好的世界
能够变得好一点。
愿我们，都拥有提供“情绪价值”的能力。
//

[1]

“情绪价值”指的是，令关系中的另一半心情愉悦、内心舒适，帮助另一半的情绪获得表达和处理的价值。

在看了很多心理学文章后，在我们那么多次提到情绪、感受后，我想大家会认可——两性关系里，能够替另一半处理情绪是一种多么高的价值。

情绪，可以说就是我们每天内心冒出的各种能量，正面的、负面的。处在坏情绪里，我们会心情低落，或抑郁，或暴怒，或烦躁；处在好的情绪里，或者情绪获得满足时，那一刻，幸福感是很明确的。

情绪，需要被处理，谁能搞好自己的情绪，谁就能感受到真切的幸福和平静。陷入糟糕的情绪，拥有再多物质和外在条件也无法快乐。所以情绪价值是一种很宝贵的价值。

［2］

我认识一个女孩，她从小学舞蹈，是家境优越的大美女。但她从小受父母宠爱，性格比较骄纵，属于那种有点作的女孩，她很需要被男友时时刻刻重视和体贴的感觉，以及能随时感受到被爱的感觉，还有“啥事都以我的意见为准”的感觉。

获得了这种感觉，她才快乐满足。

自称“外貌协会资深会员”的她结婚了，嫁给了一个长相英俊、收入也算中等的帅哥。

谈恋爱时，她经常说，和他在一起总是很快乐，觉得他是个有趣的人。

帅气的老公对她很宠爱，什么都听她的，每天陪她聊天。两个人结婚后还保持恋爱的甜蜜，老公在意她的感受。但是婚后她老是和对方闹，几乎一闹就以离婚相威胁。

原因是，第一，男方父母买的房子的房产证没有加她的名字，婚前男方答应努力去办这事，但是婚后男方还是没有办到；第二，结婚前，男方父母答应给八万元彩礼，可是结婚时只给了三万，说家里要在老家买房，剩下五万迟迟没有拿出来。

为了这两件事，她一直在跟他闹。

女孩以各种闹来逼迫男孩，但是男孩也没有把这两件事解决。他做的就是，她闹他受着，她离家出走，他去接回来。

但是久而久之，男孩的耐心似乎也要被透支了。

两人婚姻告急，是因为最近一次女孩大闹，说了很多伤害男孩自尊的话语，并且总是说对方不爱她。

后来女孩回了娘家，男孩没有像前几次一样追去，而是沉默了半个月。

其实，这个女孩也不是真的想离婚。她就像一个婴儿，反正我想要的我就是要得到。

我不管你用什么方法拿到，你爱我就要拿给我我想要的东西。因为她的父母过去就是这样养育她的。

她的内心发育，固着在了婴儿时期，在那种“我无所不能，我心里想的世界一定要帮我实现”的全能自恋阶段，所以在她看来，爱的背后就是无条件的满足。

但是，她看不到，不能在房产证上加她的名字，给不了八万彩礼钱的老公为她提供的情绪价值，其实是比财富要昂贵得多的东西。

说白了，钱是可以两个人一起挣的，但是情绪价值，在两个人的关系里，一个人有需要，就只能由另一个人来满足。

让她觉得有趣，陪她聊天，赞美她，认同她的“作”，保持耐心，当她闹着“你不爱我我要离开你”的时候，说很多话来表达对她的爱和重视，低姿态地去她家求她回来，对她父亲母亲都很尊重，陪岳父喝酒，陪岳母唠嗑——这就是这个年轻人不可忽视的一种**提供给对方情绪价值**的能力。

他可以处理女孩的情绪需求，满足她需要被宠爱、重视，被看见的感觉。

有人也许会说，如果他真的那么好，那么懂得沟通，那女孩就不会在这个事情上闹着要离婚了，可见情绪价值也不是万能的。

情绪价值当然不是万能的，而且提供情绪价值的人，也不可能全方位满足“永不知足的巨婴”。

对于这个女孩来说，她找到了一个可以容忍她脾气，令她常常感到愉悦的老公，但是，她还想要更多，比如老公可以搞定他的父母，在房产证上加上她的名字，比如老公可以让父母兑现诺言把彩礼钱给齐，或者自己拿出五万给她。

的确这些老公都做不到，或者在这件事情上，他也有自己的判断、想法和坚持，但是不可否认的是，在对她情绪的满足上，他做了很多。

做个假设：她换一个男人，这个男人一上来就可以全款买一套房，房产证上写她的名字，彩礼钱给个一百万，但是他外貌一般，让她不能拥有和帅气老公在一起的满足感，没时间陪她，更没时间和她说话，而且这位事业成功的男士比较强势，承受的压力也大，回到家，他对老婆的要求是：第一，我说了算，你得听我的；第二，我说你就听着，还要给予很好的回应，你要给我提供情绪价值。

假如是这样一位老公，你换吗？

也许，我们会遇到各方面都很优秀的伴侣，有钱、帅气，还能够提供情绪的满足。

但是，假如不能遇到呢？

你最需要的是什么？

你愿意舍弃的是什么？

我想，这是那个女孩可以去想一想的问题。

[3]

在两性关系里，我们为什么会如此孤独？

因为无论你拥有多少物质，拥有什么名分，你最需要的还是你的心有人可以看见和交流，你的感受有人可以回应，哪怕这个回应不在预期，会引起争论，但至少不是一扇紧闭的大门，或者是那种“你拨打的用户不在服务区”的空虚。

当社会发展到现在，当生活条件不再是一个很大的问题，很多人其实已经拥有了一定的资产，拥有了让自己活得体面甚至独立抚养子女的能力，那么在这样的背景下，对我们来说最珍贵的，还是钱吗？钱能买到理解、尊重和陪伴吗？

对于不断吵闹要离婚的女孩，我不知道房产证加不加名字究竟有多么重要，但是我可以确信的是，这个女孩，需要不断被关爱，被满足，有人回应，有人聊天，有人让她感觉不寂寞、被重视——这就是她的另一半最重要的价值。问题是，她是否能意识到这个价值的珍贵？

在我们小时候，在那个父母常常忙到忽视孩子的情绪和感受，或者不允许孩子表达情绪和感受的年代，给予情绪价值，是一种稀缺的能力。

孩子长大了，进入了各种关系，包括婚姻，但他们也只是成了不会表达情绪的大人，并且无法以很好的方式去回应别人需要处理的情绪。

因此处处碰壁，因此常常感到愤怒而孤独。

就像我的一位来访者说的："我都不知道我的情绪是什么，我怎么表达给对方听，但是我就是知道我很难受。"

在这个时候，如果有一个人，不需要你明确地表达就可以比你还清楚你的感受，不用你表达，就能给你恰到好处的安抚、包容和接纳，以他的方式处理你的坏情绪和难以言喻的不舒服，让你获得平静和满足——那这个人拥有了多么可贵的价值。

很多人都在关系里寻找这样一种价值，因为找不到，所以才会生出很多其他要求，才会生出很多很多抱怨。

我们要看到的是，在关系里找不到这种价值其实也是正常的，因为很多人的确不具备提供情绪价值的能力，而假如对方有这样的能力，那么承认对方的价值，并因此去谅解对方在其他方面的欠缺，会让你们之间的关系更为和睦美好。

最后，不管何时，培养自己处理情绪以及给别人提供情绪价值的能力，都是值得我们用心去做的事情。

让别人快乐，是一种超能力，它让这个不那么好的世界，能够变得好一点。

我们在关系中寻找的其实是一个处理我们情绪的转换器，谁拥有这样的转换功能，谁就能更多地带给对方幸福。

愿我们，都拥有提供“情绪价值”的能力。

做别人的“情绪拯救者”，你累吗？

//
也许，在关系里，你承担了太多别人的情绪，
因为太在意自己在别人的世界里的影响，
所以你才会精疲力竭吧。

做一个别人的情绪承担者，
当然是很累的事情。
再轻松的关系，
也会变得令你不堪重负。

而究其原因，或许有时候是
我们把自己看得过于重要。
//

我的一个小姐妹在私底下对我吐槽，说好想放飞自己，去没人的地方待几天。

我问她为啥，她的语气里透露着深深的疲倦。她说，有时候和人待在一起，真的挺累的。

“比如昨天见个朋友，我发现我会格外在意我说话时对方的

反应，怕说错了什么让她不自在。而如果她聊到不开心的地方，我就得赶紧想着怎么办才好。

“在家里也是，老公工作不顺有点郁闷，我开解也不是，安慰好像也没用，但什么都不做又不好。

“真的好累。”

我对她说：“也许，在关系里，你承担了太多别人的情绪，因为太在意自己在别人世界里的影响，所以你才会精疲力竭吧。”

做一个别人的“情绪承担者”，当然是很累的事情，再轻松的关系，也会变得令你不堪重负。

而究其原因，或许有时候是我们把自己看得过于重要。因为将自己看得太重要，于是觉得自己在别人的世界里扮演着举足轻重的角色；觉得自己的一举一动都牵扯着别人的心情；觉得自己如此重要，因此要对别人的情绪负责。渐渐地，在这个“极度在意他人”的过程中，透支了自己，丢失了自己。

如果你觉得活得有点累，问问自己，你有这种“情绪拯救者”情结吗？

[1]

我们常常谈论“界限感”，这个词是相对于自我而言的。

假如把自我想象成一个球体，那么这个球体需要有边界才会是有形的。

如果没有边界，我们的自我这个球体就会无限度地和他人的世界融合在一起，分不清彼此，纠缠在一起。

这种感觉会让我们觉得时时处处受到束缚和牵制，无法坦然自由地表达自己的意愿、情绪，做出自己的选择。

但是，为什么建立界限、守住界限这么难呢？

因为很多时候，我们会不自觉地去对别人的情绪负责，成为别人的“情绪拯救者”而不自知。

当我们体察到别人可能不愉快时，我们会马上做点什么去阻止别人可能产生的不愉快，我们将别人的情绪负担在自己的身上，认为自己对他人的情绪负有责任。我们似乎很难对别人的情绪坐视不理、袖手旁观。

但是一旦我们卷入了别人的情绪世界，一旦我们意图改变他人的情绪，一旦我们试图控制他人的喜怒哀乐，我们也就不得不贡献出我们自己的边界和独立的自我。

和别人搅和在一起，当然谈不上明确的边界；和别人搅和在一起，自己的情绪就会很容易被影响。

如果他不高兴，我也对此负有责任，我不能允许自己高兴，我一定要做点什么让他高兴——这是很多“情绪拯救者”的惯性思维。

情绪的责任究竟应该由谁承担？特别是在亲密关系中，那些喜欢对他人情绪负责的人，要问自己一个问题：他人如果不快乐，是因为你，还是因为他自己的内心呢？

其实，每一个人都应该对自己的情绪负责。

因为我们都很清楚，一个人是否快乐的根本在于他的心是如何感受和认知这个世界的。

“你的心决定了你的世界”，这句话绝对不是一句骗人的空话。

在认知疗法当中，一个基本关于我们感受的原理被无数次地验证——**我们对一个事件所产生的情绪，取决于我们对于该事件的认知**。

也就是取决于我们认识事物的内心图式、人格、潜意识模式、过去的创伤回忆等等这些我们无法觉察的无形因素。

也就是说，一个人此时此刻的心情和这个人的内心深度、认知水平和潜意识相关，而不是由外部世界发生的事情作为决定性因素。

我们是否快乐，不在于这个事件，而在于我们对于事件的反应，在于我们如何看待这件事。

所以关于情绪的真相是：每个人在生活的过程中都要去完成自己成长的功课，建立更好的认知事件的方式，处理潜意识的创伤，重新整理自己的故事和记忆，以积极的眼光去认识事物，让自己更接近平静和快乐。

这是每个人都要去完成的功课，也是每个人对自己情绪的决定性影响。

那么如果你身边的某个人总是不快乐，是因为你吗？

不是，是因为他自己的内心。

[2]

婚姻关系，是最常见的一种亲密关系，在这种关系中，很多人不自觉地扮演着对方的“情绪拯救者”，然后因此陷入了一种很糟糕的状态。

为什么？因为“情绪拯救者”试图解决伴侣应该自己去面对的人生问题，而他显然也解决不了伴侣的问题，于是最后他处于一种被掏空之后无力改变，想控制又控制不了他人情绪的挫败状态。

举个例子，妻子A和丈夫B。

丈夫B，因为中年危机，个人的现状和理想的自我有差异，对自己产生了强烈不满，这是他自我认同部分出现的冲突，是需要他自己面对的问题。

这种不满他自己消化不了，用心理学的投射这种方式，丈夫将不满倾倒在妻子A的身上，或者说处在亲密关系中的妻子A捕捉到了丈夫不快乐的状态。

这对夫妻的日常演变成了，丈夫B经常脸色欠佳、心情低落而烦躁，有时更是以挑剔自己妻子的方式来处理负面情绪。

这种亲密关系中的投射、转移负面情绪的例子非常常见。甚至可以说这就是人性的普遍规律，是很多人都会不自觉去干的事情，但其实这还不是最糟糕的。

如果我们被别人投射了负面情绪，如果只有这一步的话，还不足以构成对我们的伤害，动摇我们的自我。

假如妻子A能够有自己的界限，分清丈夫的情绪是丈夫的情绪，自己不需要对他的情绪负责，那么丈夫对她的挑剔，不会在她的自我中掀起惊涛骇浪。她可以平静理解，可以不予理会，可以让丈夫慢慢在自我冲突的过程中，去完成自己的情绪消化过程。

无论结果是什么，可以说都是她丈夫需要经历的成长历程，不会因为她而有根本的改变。这就是我们无法改变他人人生的一种体现。

可是，在这个故事里，糟糕的部分往往是，妻子A是一个特别喜欢对他人情绪负责的人，是一个忍不住去控制他人情绪的人。

她无法忍受自己的先生出现不好的情绪，看到对方的这种状态，她就会把自己代入，觉得丈夫的不开心都和她相关，他的低落或者烦躁是对自己的否定，自己一定要做点什么去改变丈夫的情绪反应，这样她才能重归平静。

所以，妻子A遇到了丈夫B的负面情绪，她会努力地去讨好或者付出，以期改变丈夫的情绪。

如果丈夫无法快乐，她会认为这是丈夫对她的不满，是她不够好，她自己将自己纠缠进丈夫的情绪里，这种感觉令她倍感难受。

然后，如果妻子A试图对丈夫B的负面情绪负责，试图改变对方，而丈夫B仍然不能立刻改变自己的情绪，变得快乐或者状态变好，那么取而代之的将是妻子A强烈的愤怒。

妻子A会觉得，我做了这么多调整、让步和付出，你怎么还是这样？因此她对丈夫B产生了不满或者恨意。但是妻子A没有意识到，别人可能有别人的不快乐或者内心冲突。

冲突是我们内心常常出现的状态，不快乐也是一种权利，可是她却试图去控制和改变别人的这个部分。

这是很多亲密关系完全无法承受住一点点负面能量考验的原因。

因为一方会把自己纠缠进另一方的情绪里，觉得自己很重要，觉得自己可以做点什么去改变对方，觉得对方的不快乐就是因为自己不够好。

结果两败俱伤。

［3］

根据心理学的观点，我们觉得自己很重要，往往是源于自恋。

在生命之初，在小时候，我们的本能会觉得自己是世界的中心、家庭的中心、父母的中心。

有的人，从很小的时候开始，就在成为父母的“情绪拯救者”——当你小时候，想着考好成绩回家，就能看到难见欢颜的父母露出笑颜时；当你小时候，如果乖巧听话，不惹是生非，就会减少父母在家激烈争吵的频率时；当你小时候，看到母亲对父亲的不满和抱怨，于是你站到母亲这一边，试图做些什么以平息母亲的愤怒或者挽救父母的关系时……

所有这些时候，都是一个孩子不自觉地成了家庭成员的“情绪拯救者”的时刻。

如果回溯童年，有的人或许会发现，小时候的自己总是在承担着父母的情绪，并且为了改善父母的情绪状态做出了很多努力。

例如表现出完美但不真实的自己，以期令父母感觉快乐和愉悦，这是孩子的本能——希望父母幸福，并且由于自恋，会认为自己在家庭中扮演了非常重要的角色。

而我们的父母，往往因为逃避，将自己不良情绪的责任推给孩子。

口口声声说“都是为了孩子，自己才不得不忍受自己的人生”，其实是把自己的情绪丢给孩子，让孩子毫无选择地成为父母情绪的承担者。

而孩子长大后，依然会在关系里重复这样的模式。

每当关系出现或者快要出现冲突，他人快要进入不好的情绪时，这个人都会不自觉地要去做点什么来改变对方的情绪状态。

而这种行为，往往就是失去自我的讨好、牺牲和付出。

就像我们小时候对父母常做的那样。

意识到自己在重复着童年的行为，觉察到自己正将他人的情绪揽上身去承担时，才能真正建立**自我的界限**。

将你的情绪决定权还给你，而我的情绪由我自己负责，那么让自己一个人快乐起来，比要求你面对的他人也必须快乐，要简单得多。

做别人情绪的旁观者，是值得我们一辈子去学习的一门功课。

因为我们活在关系之中，就会常常被各种关系牵扯和影响。

要找到自我的准心，获得自我的平静，需要我们懂得区分，哪些是他人自己要面对的情绪，哪些是我们可以努力的部分。

在我们童年时，父母的日夜争吵是他们的悲哀，但亦是他们要自己负责的人生。

现在回头去看，我们也会发现，其实父母解决不了自己人生的很多问题以及内心自我的各种冲突，所以他们才会不快乐、不相爱，才会有那么多的互相伤害。

他们活在负面的情绪里，不是因为孩子，是因为他们自己没有很好地面对和成长。

但在家庭的层面中，父母往往会把自己这部分不快乐的责任转嫁给孩子，孩子又会不自觉地去承担让父母快乐的责任，这是一种严重的错位。

我们需要觉察这个部分，回归真相本身。

这个真相就是，父母也好，他人也罢，很多时候，他们的不开心和你无关。

你在父母的世界里，没有那么重要。

你在他人的世界里，也没有那么重要。

在每个人的世界里，最重要的都是自己。

每个人的内心的不快乐和不和谐，都是自己的认知和选择造成的结果。

［4］

最后，告别“情绪拯救者”这个身份，给你几点建议：

第一，常常提醒自己，你在别人的世界里，并不像你以为的那么重要。

你不是世界的中心，你只是他人世界中的一个角色而已。你那么在意别人的情绪，是源于你的自恋，是因为你以为别人也会那么在意你的一举一动，但其实在别人的世界里，主角是他自己，无论你们之间关系多么亲密。

第二，当别人真的指责你，或表达对你的不满意时，你需要问问自己，你是否对自己满意，你是否做了你应该做的事情。

如果你在你的世界里行得正，那么他在他的世界里如何定义你，就是他的事情。

第三，每个人都有权利不快乐，每个人都有自己要处理的情绪，这是神都无法改变的事情。

放下对他人的控制，放下自己想要越过边界去承担的责任。

事实是，我们都需要多一些努力，摆脱以往的行为惯性，才能真正地从别人的情绪中赎回自己。

承担别人的情绪，或许是因为命运的安排（原生家庭的影响），但是，不再去承担别人的情绪和人生，却是我们可以慢慢学习、慢慢尝试的。

活在关系中，但不被关系淹没。

在那之后，会是不一样的人生。

你以为这是沟通？其实这是攻击

//
先接纳自己，
你的愤怒才会减轻，
然后你也会从接纳中找到力气，
去宽恕和接纳别人。
//

沟通是一门艺术，这个大部分人都知道。

有人也会自我反省，因为沟通能力差，结果没有达到沟通的目的，所以希望可以提高自己的沟通技巧。

但其实很多时候，沟通不是技巧的问题。

很多人的沟通都是伪装的攻击。

当你对一个人说“你在用话语攻击我”的时候，这情境似乎有点奇怪，但是仔细一想，也并不奇怪。

根据弗洛伊德的观点，人的攻击性是无处不在的，夸张一点可以说，精神分析一半的时间都是在研究攻击性以及攻击性的表达，帮助个案处理自己被压抑的攻击，或者帮助他处理自己未处理的被攻击。

在心理学里面，“攻击”二字绝对不仅仅是你看到的表面字眼，它不仅仅是一种肉眼所见的行为，比如我打你一下，我虐待你一下，我对你破口大骂。

攻击无处不在。我们人与人的连接里无处不在的是语言，所以攻击就潜伏在无处不在的语言里，即沟通里。

这篇文章，我想聊聊那些潜藏在日常沟通里面的，略带攻击性的表达。

“你应该……你至少应该……”

当A对B说出“你应该如何”的时候，其实就是在限定B的选择。

“应该”是一个很日常的用法，不是说所有“应该”都是在攻击，但是在某一些特定的情况下，它会令听到的人产生被攻击的感觉。

比如我很想这样，但是你一直很强硬地和我说，我应该那样，我不应该这样。你没有理解到我想这样的感受，你也没有站在我的位置上考虑我的选择对于我的意义，你只是对我说“应该”，而这个“应该”，其实是你站在你立场上的思考。

那么当你说“应该”的时候，你是将你的看法和思想强加给我。而且，当“应该”反复出现，似乎就是在表达“我说的才是道理，你没有道理”。

如果一个人说话很喜欢说“你应该”，那么其实这个人的表达透露出的是一种强势和控制欲。

这种强势和控制欲，实际上是在攻击对方的边界，即使披着道德正确的外衣。

“应该”这种字眼，需要慎用。

如果没有考虑到对方的情况，而是用自己的道理、习惯去硬塞给对方一个“应该”，那么这种沟通方式可能会给对方一种“你在侵占我的边界，想控制我”的感觉。

“你为什么不能？”——首先我们要注意的是，这句话用不同的语气表达是完全不同的含义。它是一个疑问句，还是一个反问句？

举个例子吧。

老公对妻子说：“周末我们去看我表姐（在附近城市），带上孩子，然后就在我表姐那里住一晚，也不用去订酒店了。”

妻子说：“可是我觉得还是订酒店好一点，在别人家住不自在。”

丈夫说：“我觉得没什么不自在的，你为什么就不能在我表姐家住一晚呢？”（搭配反问的语气和不高兴的表情。）

这是一个反问句，这里面就有对于妻子表示想住酒店这种想法的不满。丈夫表达了一种强烈的要求，而妻子竟然反对这个要求，丈夫因此出现了生气的情绪，并通过反问表达了攻击性。

如果丈夫说：“我是觉得没什么不自在的，不过，你为什么不愿意在别人家里住，会不自在吗？”（搭配低沉的语调、疑问关切的眼神以及柔和的表情。）

即使是同样的句子，表达的意义也完全不同。妻子会感觉到自己的不喜欢被丈夫接受和尊重了，并且，丈夫看到了妻子和自己的不同，进而关心妻子这种不同的来由，那么这种方式就给了妻子一个机会在丈夫面前打开自己。

而妻子也会去思考那种不自在的感觉究竟是什么，从哪里来。借由这样的谈话，妻子和丈夫将分歧化为了更进一步去看待彼此内心的机会。

“为什么不能”这样的句子，如果用反问的语气说出来，就是在跟对方表达，你不按我想的这样去做就是错的、有问题的、糟糕的，我不能理解也不想理解。

“算了，别解释了。”

这句话的攻击意味很强烈。

意思是说——你说什么都没用，我不会相信你了。

表达的是——你的解释，我不想听，而且我觉得你在瞎扯。

生活中发生了一件令人不愉快的事情，这个时候，也许有一个人就试图向另一个人去解释自己为什么会让这件事发生，希望以这种解释的方式，让对方看到自己的内心想法，并得到对方的理解。

“算了，别解释了”，这句话一说出来，就是终止沟通，就是在很直接地告诉对方——我不关心你的解释，你的内心想法，你为什么会这样。

一句话把沟通的路堵死了。

也许很多人都是在生气的状态下，以这样的方式，攻击对方，表达愤怒。

这是可以理解的。

“我不要听解释”这样的话的确可以令对方难受，也是一种报复。

但是，如果回到沟通的原点，我们就会发现这并不是一种有助于问题解决和关系修复的表达。

当一个人对另一个人说出这句话的时候，对话也就无法继续展开。

想去解释、试图努力地表达自己想法的人，被瞬间噎住，沟通的动力直接被扼杀了。但是假如能够听到他的想法，了解对方内心的声音……也许自己愤怒的浪潮会因为了解而平息下来。

听一个人的解释，不代表我们就要去赞同他，但如果连听都不敢听，是不是害怕自己一旦听到对方表达的想法，就难以守住自己所谓的正确立场呢?

可是，无论对方怎样解释，都不会改变他之前对你的伤害。

而允许一个人解释，只是帮助我们去看到**这个伤害发生的过程，可以因此让关系更有建设性地去修复**。

“算了，别解释了。”

这句话，会把对方定义为一个坏人，但是，在你的内心把关系中的另一个人定义为坏人，你自己也会难受的。

给他一个机会，让他表达他自己。说不定，**理解会带来接纳，沟通才能继续**。

“你就是这样的人……”

这句话后面跟满了一个人对另一个人的定义和评判。

我有一个朋友，她老公特别喜欢给她贴标签：

“你就是很蠢”“你永远不懂得体谅别人，完全活在自己的世界里”“你就是一个搞不清楚状况的人”“你就是个没耐性的妈妈”“你就是自私”“你就是很懒”“你就是焦虑”……

这些标签，个个都是将一个人钉在柱子上的钉子。

其实，老公是想表达自己对妻子的感受，但是用下定义的方式，则直接将感受变成了不可推翻的强势判断。

这种攻击使得沟通变得很艰难，并且还消磨了彼此间那种柔软的爱意。

如果可以这样说：

“我希望你能更多地体谅我。”

“你挺焦虑啊，能跟我聊聊你为什么这么焦虑吗？”

“咱们的孩子，总是会让你失去耐性，这事怎么弄？”

不同的是，后面这种方式，容许了妻子的存在，接纳了她的感受，然后在这种容许和接纳的基础上，两个人才能真正开始有效的沟通。

我们都很厌恶被人下定义、贴标签。

因为当你被下了定义，也就意味着对方看到的不是一个活生生的人；看到的不是你的“因为，所以”；不是你的内心、你的人格，而只是一个标签。

“你就是”后面加上标签，表达的是不想沟通、不需要沟通，剥夺了对方向你表达自己的权利。

当你定义了一个人，这定义就会横在你们之间的关系中，变成关系中的阻碍，你就不可能再去了解另一个人的真实全貌。

其实沟通里的攻击太多太多，这些攻击有一个共性，就是带有强烈的评判和阻止对方进一步表达的意味。

评判，是一种攻击；阻止对方表达，同样也是。

如果你表达的是——我说的就是权威，而你说什么都不重要，你也不需要再说，除非你认同我说的。那么你要的不是沟通，而只是认同和服从。

先接纳自己。你的愤怒才会减轻。

然后你也会从接纳中找到力气去宽恕和接纳别人。

你充满了不安全感，不可能活得不累

//
一个充满不安全感的人，总是活得很累。
他担心很多事情的发生，特别害怕失控，会料想到各种不好的结果。
父母是孩子建立安全感的基石。
父母在生活的风浪里是否保持着内心的稳定，影响着孩子安全感的高低。
希望这篇文章，能帮助你理解“安全感”这回事，理解缺乏安全感的自己和别人。
//

[1]

“安全感”这个词，大家经常挂在嘴边。缺乏安全感的人，活得比一般人累。

你可以往下看，自测一下，你是不是属于那种因为缺乏安全感所以活得不放松的人。

我们很多对关系的渴望和依赖，其实是因为我们自己缺乏安全感。因为缺乏安全感，就变得特别渴望有稳定的、安全的关系，可以安抚自己那个总是觉得惶恐担忧的心灵。

然而建立关系对缺乏安全感的人来说又是极大的考验，谈个恋爱，本来可以是一件享受的事情，却因为缺乏安全感，由对方的一点点问题联想到极度糟糕的局面，因而深陷恐惧怀疑的旋涡，还不断要求对方证明，很容易就被人戴上了一顶很“作”、很“难搞”的帽子。

生活里，缺乏安全感的人总是格外焦虑。

别人吃嘛嘛香，在什么地方都能倒头就睡。缺乏安全感的人，心里总有事。

什么事呢？什么事都可能是值得担忧的。缺乏安全感的人，总是会担心很多事情。

不安全感如影随形，在人格深处，在潜意识里，总是让整个人处于紧张状态，无法放松。

我认识一位女士，是个精明强干的人，家里家外都是一把好手，好像生活中没有什么事情会难倒她。

有一次她对我说，最近有件事情让她很苦恼。

她老公最近爱上了喝红酒，隔三岔五就和几个好友晚饭喝点红酒，但是也喝得不多。

不过老公和朋友们喝酒喝得比较投入，酒桌又比较吵，有时就会听不到她打电话的铃声。她试过半小时里打十个电话，老公都听不见，可能隔一会儿对方就会回电话，而她一改温和懂道理的样子，对老公大发脾气，像个泼妇一样，对老公三令五申，一定要立刻接她电话，要不就不许出去吃饭喝酒了。

老公对于她的反应很难理解，觉得她不至于如此小题大做，因此也不想配合改变。

也许你会以为，我认识的这位女士，是有点怀疑老公去干什么花花草草的事情，所以生气地要打电话找人。

其实，她苦恼的，完全不是老公在外面瞒着她做什么，而是不接电话。

“你知道吗，每次只要电话响三遍找不到他，我就会陷入一种恐慌，我特别害怕他出事了，酒喝多了没人照顾也会有意外啊！害怕他遇到车祸，或者被坏人打劫……”

她说她甚至会联想到老公死了，出意外了，再也不会回来了。

“你说我是不是很可笑，可是这种感觉无法控制。”

外表精明强干的她，其实是一个极度缺乏安全感的人。

小时候，她突然被送到并不熟悉的姥姥家住了一年，这种依恋的创伤让她在潜意识中无法信任她的父母。在还没有微信甚至电话的年代，父母消失的一年，对于孩子来说，就好像是父母死亡了一样。她体验过“死亡”，她体验过待在陌生环境中的孤独，和死亡一般可怕的“失控”，这些经历和体验，烙印在她的内心深处。她的依恋模型，也就充满了“不安全”的意味。

当电话那一头无法接通，无法第一时间听到丈夫的熟悉的声音时，这种情境的触发犹如接通了一个开关，她一下子就体验到当年只有四岁，见不到父母时感受到的“死亡”和“永别”的恐惧。

她当然害怕，那是足以淹没一个四岁小女孩的巨大害怕。

这种人格深处的不安全感，根本无法用理性去抵挡和控制，潜意识里本能产生的冲动会让她马上不顾一切地要摆脱这种可怕的不安全感。

她会很不理性地联想到各种极不可能发生的可怕后果——老公进医院了，老公和别人打架了，老公回来路上被车撞了……

她害怕老公会突然不见，就像当时的父母突然丢下她消失一样，她曾经的恐慌体验让她一直不停打电话，一直打到对方接，让她一改温和懂道理的常态，对不接电话的老公大声斥责。

[2]

如果你让一个缺乏安全感的人尽情放松自己，他一定做不到；如果你让一个缺乏安全感的人在没必要的事情上不要去担心，他一定也做不到。因为这不是讲道理就能解决的“害怕”，是灵魂深处本能的“不安全感”和“无法确信”。

我认识的这位女士，如果要改变这种状态，除非是安全感慢慢建立起来，然而这是一个漫长的成长和修复过程。

简单一点处理，她的先生要去理解她这种“不安全感”，不要在电话里面玩失踪，恐怕就不会再看到自己老婆如此不讲道理和失控。

缺乏安全感的人，总是会体验到一种威胁，失控的威胁。关系失控、健康失控、财务失控、安全失控、心理状态失控，一点风吹草动，他们就能嗅到一种失控、崩溃甚至毁灭的味道。

失控感如此可怕，又常常被他们体验到，所以他们经常处在一种不得不“防范失控”的状态下，也就变得神经紧绷、格外焦虑。所以缺乏安全感的人，比一般人活得要紧张很多。

安全感究竟是什么?

我再讲个故事，也许你会更明白，它是怎么建立，又是怎么出现问题的。

前段时间，我和一个好朋友在外面吃晚饭。

正吃着饭，好朋友的手机响了。是他爸爸打来的电话，他爸爸现在七十岁，和他妈妈单独住在一个小区，他爸爸的身体不好，肾衰竭，长期透析已经三年。一直都是他妈妈在照顾他爸爸。

我知道他父母的感情也不是很好，听他说父母年轻的时候就经常吵架，爸爸对妈妈态度欠佳，妈妈对爸爸也多有怨言。

当时电话响起，我朋友一脸烦躁，接了电话之后一句话都没有说，大概过了三十秒就把电话给直接挂了，我很惊讶地问他：“怎么你都没说话？”

他说："我爸打来的，晚上又和我妈吵架了，我不想搭理他们，也没啥可说的。"

然后，他若无其事地继续和我吃饭。电话铃响了两三次，他都没接。

一边的我，却比他还紧张。

我想的是，他父母吵架，这么晚了还打电话找他，那应该是事情很严重了，可想而知，那吵架的场面可能已经失控了。

我脑海中浮现了画面——他爸爸会不会打他妈妈？他妈妈会不会崩溃？会不会夺门而出？他爸爸身体那么不好，如果妈妈生气跑出去了，他爸爸这么晚一个人在家会不会有什么危险？摔跤？心脏病发？

我的脑子里出现了很多负面的可怕的事情。其实，我内心体验到了一种濒临失控的感觉，因此会为他父母担忧，而他若无其事地吃完饭，再也没提这事。

我们各自回家，第二天微信上我问他："后来你给你爸爸回电了吗？吵架的事解决了吗？"

朋友说："哦，那天晚上我后来接了我爸一个电话，他打给我说，事情已经解决了，我妈那会儿已经给他弄药吃了。你怎么还想着那事呢？"

这就是我想说的故事。

不安全感会引发焦虑。缺乏安全感的人，都很焦虑。

我的朋友一直就是一个很淡定、很有安全感、一点都不焦虑的人。相对于他而言，我明显属于更焦虑的那种人。他的世界里没有什么失控，而我的世界里，却是有的。

我做了心理咨询师，也做了很多个小时的个人体验（咨询师自己的心理咨询），慢慢觉察自己修通之后，原先的那些焦虑感少了很多。

我也常常去开导深陷焦虑的人如何换一个角度去看待可怕的现实，如何缓解自己“不能承受的恐惧”。

但是我的朋友，他显然是不需要经过这些思考的转化，也不需要经过认知的改变，不需要经过任何觉察的。他就是那种毫不焦虑的人，或者说他就是那种天生就很有安全感的人。

[3]

为什么他天生很有安全感？他和原生家庭的养育究竟是什么关系？

我之所以说这个故事，是因为在这个故事里有“如何建立安全感”的答案。

朋友的父母爱吵架，吵了一辈子，但是结局是，爸爸打来电话告诉他什么事也没有发生，事情已经解决了，他妈妈回来给他爸爸煮药了，一切又恢复正常。

夫妻间免不了争吵，婚姻总是充满磕碰的，大多数家庭都是这个样子。

我们在原生家庭里作为孩子，小时候看到父母吵架，就会有一种惊恐和害怕，那种害怕的感觉就好像是天要塌下来了。

我们会等待，怀着忐忑不安的心情，去看父母的反应。

而我和我这个毫不焦虑的朋友之间童年遭遇的最大不同就是，尽管他的父母也吵架，但朋友家的天没有真的塌下来。爸爸说，没事了，一切恢复正常。没有激烈的场面、没有可怕的话语、没有失控、没有离家出走，妈妈还是一如既往给爸爸做饭弄药了。他熟悉这样的结局，他小时候就是这样过来的，父母争吵，然后一会儿就好了，不会真的有特别糟糕失控的事情发生。

而我却在童年，在我的原生家庭里，很多次因为父母的争吵，体验到了那种天真的塌下来的毁灭感。

在争吵的过程中，父母会摔碗砸锅，会威胁“你死我活”，就像真的一样。在我的小时候，爸爸妈妈吵架引发的结局就是父亲夺门而出，然后就开始出差，可能过一两个月才回来。

而对于孩子来说，这样的离开，太可怕了。对于孩子来说，也无法分辨父母在气头上，说“我不活了，我要杀了你再自杀”这种话语的真伪。

对孩子来说，这种话都是真的。

所以父母吵得特别可怕和激烈，场面失控，也许对父母来说只是吵架，他们只是说说而已，不会真的去死，但对孩子来说，就是天真的塌了，毁灭了。

如果一个孩子，长期待在这种“濒临崩塌”的边缘，如果父母维系的家庭透露出一种极度危险且随时可能失控的气息，那么孩子又如何获得安全感呢?

他整天体验到的都是惶恐害怕的感觉，这个感觉蔓延进人格和潜意识，当他再遇到类似情境，就会被触发。

父母当然会吵架，哪对父母不吵架，我们不可能要求自己成为不吵架的父母，而且有的父母自己一段时间内带不了孩子，也会把孩子放在老人家里过渡一段时间。

但是最重要的是，吵架也好，将孩子放在老人那里也好，不要把这种经历变成孩子内心的创伤，变成他人格的一部分。

体验到孩子的感受，了解到他可能会害怕，并且这种对失控的害怕就如同对死亡的恐惧一般。如果爱孩子，在意他的心灵成长，那么大人吵架的时候，就不要一味顾着自己发泄或者为了威胁对方而做出失控的举动，一言不发地离家出走，威胁说“藏了药在哪里要去喝”，或者说“活不下去了，死了算了”之类的话。

你的孩子会信以为真，在心里留下天塌下来般的毁灭性的创伤。

他的安全感基石会随着大人的这种失控而瓦解。

我前几天收到一个妈妈的留言，问我“如果离婚，如何避免单亲的孩子受到伤害，保护他的心灵健康”。

我想说，离婚是父母处理夫妻之间的关系，但这并没有改变父母和孩子之间的父子和母子关系。

身为父母，提供给孩子最重要的职能，是保护。

无论是否离婚，撑起一片安全感的天空，让孩子感觉到安全、平静，让孩子在妈妈或爸爸的眼神里确认——就算今天我换了一个地方居住，单独和妈妈或爸爸居住，一切都会很好很稳定，不会失控，我的父母都一如既往地值得我信任和依赖。

这就是对孩子最好的保护。

如果没有这样的环境，离婚或不离婚，对孩子来说，都是灾难。

最后，我想对那些童年经历了很多次“天要塌下来的感觉”的人，还有那些曾经被父母放在陌生的环境，体验过“父母死了”“我被遗弃在世界角落”的人说：

你觉得这个世界不安全，是有理由的。

不是你特别作，特别奇怪。

而是你从小获得的养育并没有帮助你建立好人格深处的安全感。

这不是你的错。当我们长大后，再去建立潜意识的安全感，是困难的、漫长的，因为我们需要和已经固化的“不安全感”作斗争。

你的潜意识坚信这世界是不安全的。

你要做的就是自我对话。

在你濒临失控感的边缘，尝试去告诉自己，这种失控感来源于童年的体验，而不是当下的现实。

最重要的是看见，而不是改变。

接纳自己的“不安全感”，安抚它，照顾它，让它存在，当你一次次体验到可能出现的失控其实并不会真正的失控，体验到自己也慢慢拥有了掌控感，体验到即便失控了，你也不会粉碎，你也能慢慢适应和承受，你的感觉就会好一些。

这种情绪，才是真正的谋杀者

//
有时候你无法阻止别人对你的伤害，
但也不要成为他人伤害你的合谋，
可以改变自己，
但不要攻击自己。
//

抑郁症，除了生物学、心理学方面的成因，很大一部分原因来自强烈却无法释放的负面情绪。这种情绪反过来也会作用于一个人的神经系统，改变神经的正常运转。

生理加心理，最终造成抑郁症，它不是无中生有或者只要想开了就能治愈的疾病，它是一种**“大脑的失调”**。

我经常说“好人容易得抑郁症”，因为他们不大会攻击别人，他们负面的情绪，无法释放，往往会转向造成对自身的攻击。

很多人可能难以觉察“自己对自己的攻击”，这恰恰就是这种攻击会作用于潜意识，让一个人陷入抑郁的部分原因。**我们难以觉察攻击，也就难以阻止它**。

而如果一个人在“无意识”的情况下用大量的负面能量对自己进行不断的攻击，不懂得向外表达和发泄，也无法觉察、整合，那么就会增加患抑郁症的风险。

可是，究竟什么是对自己的攻击？一个不懂得攻击别人的人，又是怎样攻击自己的呢？

这个关于攻击的故事，可能是这样的：

主角A是一个很害怕争吵的人，因为在她的原生家庭，大人很喜欢吵架，她一直在做的就是大人的“黏合剂”，或者绝不惹事的好小孩。

她从不会指责吵架的父母，因为父母总是不断在她面前陈述各自的不容易、艰辛和牺牲，所以她别无选择，她不想做个伤害父母、给父母添乱的坏小孩，于是她要求自己绝对不能有情绪，不能提出过多的要求，不可以让父母担忧。

她没有表现不开心的权利，她没有任何表达攻击的立场。

主角A长大了，将这种原生家庭已经形成的潜意识模式无意识地移植到她生活的所有地方，无论是对公婆、朋友还是同事，她都会不自觉地察言观色，希望对方能够因为她快乐，不要因为她有一丝不舒服。

她犹如强迫症一般，从不和人吵架，从不指责别人，从不表达自己和其他人不一样的需求。

但是，在她接触的所有人里面，包括父母，难道从未有过对她的伤害？对她的攻击？对她负面的投射？难道所有人一直都是以她真正喜欢的方式在对待她吗？

这当然是不可能的！

我们在生活中，无时无刻不在接触他人的能量投射给我们的各种想法、各种情绪：比如违背我们真实情况而对我们做出的判断；比如看似请求实则是要求的一种“情感绑架”；比如父母或伴侣在很多事情上的对你过分期待；比如与朋友之间看似和谐其实只允许你对他表达认同的病态友谊……

这些都是会让一个人感受到不舒服的东西，如果这个人不去处理，而去回避，然后一个劲地去满足他人，以为这种负面的能量就会在“我的隐忍、大度、乐观”里自行消化，那实在是一个大大的误区。

它当然不会自行消化，除非你去处理它。

比如怼你的，你怼回去了；比如过分的期待，你戳破了；比如经过伪装的胁迫，你拒绝了。

哪怕是你什么都没有对别人直接表达，你去书写出来，你去向咨询师表达，都算是一种处理。

如果不表达、不处理，你就是在伤害自己、在接近抑郁。

更可怕的是，你会攻击你自己。

很多人也许会问，这是一个和压抑自我有关的故事吧？为什么是和攻击自己有关的故事呢？主角A应该心疼自己啊，她怎么会攻击自己呢？当然会。

我记得我曾经有一个罹患过抑郁症后康复的来访者，在某一次咨询中，他像上一次咨询一样，控诉了一直控制他、干涉他的父亲，并沉浸在对父亲强烈的恨意里。

听完后，我说："我感受到了你的恨意，但是你心里除了憎恨那个无视你想法、一直想干涉你生活的父亲，你会不会同样也在憎恨那个无力反抗、没有办法好好表达自我的自己？你是不是也在自责你不能去对抗你的父亲，从而保护你自己？"

他看着我，怔了一下，默默点头，然后泪流满面。

主角A会对自己进行攻击，因为她在一直隐忍妥协，照顾别人的情绪却从不照顾自己的同时，她产生的不愉快、难受和自我的被剥夺感，导致她非常憎恨这个无法保护自我、表达自我的自己。

每一次被伤害，她都会责备自己的懦弱；每一次被别人的情绪弄得不舒服，她都很清楚，她其实无法要求他人，但是她至少应该表达出自己的态度，可是她做不到，她对于这个"永远做不到"的自己非常讨厌、不满甚至憎恨。

这就是攻击。

我们不但会被别人伤害，我们还会因此攻击被伤害却无力还击的自己。

我也许无法用一篇文章真的帮助到这样的你，这是遗憾。

但是看到文章的你，如果有觉察，就会减轻对自己的攻击，这是希望。

一切都是有因果的，也是有某种必然联系的，你无法选择的原生家庭造就了这样的你；你过去做的选择造就了今天的你。

有时候你无法阻止别人对你的伤害，但也不要成为他人伤害你的合谋。

你可以改变自己，但不要攻击自己。

不爽全世界的你，其实是不爽自己

//
一个内心和谐一致的人，
和外部世界也是和谐一致的。
所谓的成长，
就是有能力去整合自己内心的冲突，
去接纳那些不一致的部分。
//

大部分总是感觉处于痛苦煎熬之中或总是处于愤怒状态的人，都是由于内心有一种冲突，而他们又无法整合这种冲突。那么这种内在的不和谐不统一，一定会延展到他的外部世界，以挑衅别人、攻击别人、抱怨别人或与他人起冲突的方式呈现。

也就是说，当一个人的内在世界不和谐时，他的外在世界，也会充满不和谐的人、事、物。

如果你身边有一个人常常被激怒，或常常愤怒，你可以这样去想他：也许那是因为他内心本来就有很多对立和冲突累积了愤怒的能量。而他自己恐怕既没有清晰的意识，也没有办法平静地表达，于是在“无意识”中，这些愤怒的能量会流淌出来，蔓延到周边。

当一个人对你出言不逊、挥枪舞刀冲你来的时候，你可以回击他，可以躲开他，可以不搭理他，可以事后报复他，但千万别第一时间就用他的出言不逊来攻击自己，也别怀疑自己是否特别糟糕，更别责备自己没让他满意或是惹他生气了。

因为，他很可能只是无法调节自己内心的冲突，自己内部不一致的状态令他无所适从、充满情绪，所以这个人才会对外部世界出言不逊。

不是说要原谅他，你可以该干吗干吗，绝不姑息任何一个让你不舒服的人，但是不要过于在意和纠结一个人在把内心世界的冲突外化的时候，对你发起的那些挑衅和说出的那些指责的话语。

毕竟，让你难受的，往往是因为你太在意那句话的对错，太认真去看待他说的那些对你的评判。

可能你不会想到，他其实是受到内心冲突的驱使，而根本控制不住自己在说什么。

不知道你可曾有过这样的体验：

心情好的时候，看天格外蓝，觉得空气格外清新，更重要的是，心情好的时候，你会格外宽容，格外不在意别人的错误。你看见的都是好的，不好的都被你忽略了。你和世界的关系友好了很多。

心情不好的时候，天气是令人讨厌的；空气是有污染的；环境是喧嚣吵闹的；服务员是怠慢的；停车位总是难找的；公共服务设施的设计是愚蠢的；还有，眼前的那个人说什么都是你不爱听的。你看见的都是不好的，好的都被你屏蔽了。

感受一下，是不是这样呢？

其实，**很多时候，外界引起的你的不高兴，只是因为在内心深处，你对自己很不高兴**。

那么，同样的，一个人对你很不高兴，好像你做的事情、说的话都有问题，他要处处否定处处反驳，那是因为他的内心世界正处在一个很糟糕的状态。

而在当下和他有关联的你，他的种种操作则是他这种状态的外显。这种糟糕的冲突，也呈现在了他和世界的关系里。

如果他总是这样，那就说明这个人内心长期有着不协调、不和谐的事情一直在困扰着他。

或许是原生家庭造成的糟糕的模式；或许是他长久以来逃避的一些棘手的问题；也可能是他压抑的部分，长年都散发出负面的能量；可能是他自己正在跟他自己的价值观打架；也可能是他很不满意现在的自己。

我有一个朋友，以前说话很喜欢抬杠，那种抬杠是有攻击性的。

别人说："××穿的那条裙子还挺好看的！"

她说："是吗？我不觉得。她一向服装品位不怎么样。你觉得好看？"

别人说："晚上约哪儿吃饭啊?"

她说："你们订呗，上次我说去××吃饭你们后来也没去啊，别问我了！"

别人说："你的新工作最近累不累啊？"

她说："工作能不累吗？你说什么工作可能不累？"

听出来了吗，这样的对白，是不是说不上哪里不对，但就是让人感觉不舒服？你听到这样的回应，是不是会觉得自己被顶了一下？好像她没有骂人但还是让人很难受或者传递给你一种不舒服的氛围？

其实这样的对白，说明了这个朋友处在一种内在极不平衡、极为冲突的一个状态。就好像正能量和负能量，当一个人的内在冲突很大的时候，也会释放出强烈的能量——冲突性的能量，这种能量会释放出攻击性的或者负面的情绪。

这位爱抬杠的朋友，当时处在一个不大好的能量里，她内心冲突的根源是：三十三岁还单身的她不满意这样的自己，也承受着来自父母的不认同和压力；另一方面她内心的一部分却渴望自己能够坦然地去接受单身的状态，保持自己的独立性，总是想表现出一种无所谓、不在意结婚的坚定态度。

可是她其实是矛盾的，她总是处在一种自我责备（"我为什么还没有结婚"）和自我说服（"结婚有什么好的，不结婚又有什么关系"）之中，好像有两个自己在说话、在吵架，又没有一个能够完全占上风。

如果她完全认同父母，她也许就只会觉得焦虑——"我一定要赶紧结婚"；如果她完全认同婚姻只是众多生活方式的一种，她就不会那么在意父母给她的压力。

可是她无法让自己完全认同其中的一部分，这种胶着的冲突感，在她内心拉扯。

这种强烈的不一致，短时间内又无法达成一致，这令她觉得难受。自己的一部分和另一部分打架，所以她会不自觉地将这种难受延展到外部世界里。

对别人气势汹汹，可能是因为对某部分的自己气势汹汹；对别人指责批判，可能是不满意某部分的自己，对自己指责批判。

为什么有些人喝多了酒会打架，而有的人就不会?

如果一个人内心有很多冲突和争斗，无人诉说，也表达不出来，烦躁地跑去喝酒，那么喝酒之后，正好放倒了“守门”的意识，潜意识跑了出来，于是就打架了。

不是因为喝酒了要去打架，而是因为内心本来就在不断打架，但光在内心打还不够，喝了酒，就可以将潜意识的打架表现成现实层面的打架了。这也是一种表达和发泄，只不过后果更严重。

我的朋友现在不那么爱抬杠了，因为她接受了自己单身的状态。她说她认命了，反正不再逼迫自己一定要在某一个时间段嫁出去。而且她觉得，即使真的一辈子单身，或许也不是不可接受的。

不管这个接受是如何发生的，但是至少她内心冲突的根源，

没有了。

所以，尽管她说话还是有点冲，但没有再给他人那么强烈的“我就是要让你不爽”的感觉了。

心平气和的交流，是我们每一个人都向往的状态。可是，这不是一个很低的要求。如果一个人目前大部分时候都可以心平气和地与别人交流，那么至少这段时间，这个人处在内在一致和谐的状态里，没有遇到什么冲突或考验，或者这个人真的非常成熟、强大，拥有整合内心各种冲突的心理能力。

为什么越亲密就越多伤害？

因为大家都会和不熟的人尽量保持社交性的“心平气和”，就是表面的那种平静和谐。这毕竟是一种约定俗成的社交礼节。

而压抑了这么多，那么面对亲密的人、不会离开的人，就再也收不住自己内心的冲突，便会将这种冲突开闸放出。没有谁是坏人，但这种开闸放出，很多时候是这个人的大脑根本控制不了的行为。至少，它不是故意的。

如果你意识到自己总是这样，那么于你而言，**解决自己内心的冲突是让你关系和谐的根本**，而不是到处找他人的毛病，将冲突释放到所有地方。

如果你发现有人总是对你恶语相向、处处指责，令你黯然伤心甚至怀疑自己，那么你可以观察和体验一下，或许是这个人自己与自己发生了很多冲突，你不过是他内心不和谐的一种连带反应。

这样你是否会好受一些？

其实生活中冲突总是不断的，并没有完全不存在冲突、完全和谐的人生。

只有更多地接纳自己、接纳他人，才可以让内心的冲突减弱能量，让自己更舒服，也让别人更舒服。不与自己为敌，也就不与世界为敌。

第四章

做个好父母

你自己都不相信的，怎么让你的孩子相信？

//
你自己都不相信的东西，怎么让你的孩子去相信？
你自己都不争取的事情，怎么教育你的孩子去争取？
//

一个母亲或父亲，将孩子带到这个世界并不只是将他养大，让他活下来接受教育就好。

作为母亲或父亲，需要知道的一件很重要的事情是：**你的相信或不相信，你的争取或放弃，你对于人生的选择，其实都在一点一滴地塑造着你孩子的人生。**

［1］

二〇一八年年初热映的电影《神秘巨星》，讲述的是一个令人动容的故事。

影片里面那位会唱歌、一直坚持梦想并不断努力的印度少女尹希娅关于梦想的励志故事令人动容，但更让我动容的，是这部电影中讲述的母亲与女儿之间的故事。

尹希娅之所以能清晰地感受到自己有梦想，并能够不断追求自己的梦想，是因为背后一直有母亲默默的认同和支持，有母亲力量的守护。

尹希娅关于歌唱的梦想，来源于在她六岁生日时妈妈送给她的吉他。

尹希娅能够将自己的歌声带给全世界的人，并且不被专制的父亲发现，是因为妈妈卖掉唯一一条项链给她买了电脑，还帮她想出罩袍蒙脸的办法上传视频。

尹希娅能够在不可能的家庭状态下（家里缺钱、父亲反对）一步一步成为备受世人关注的“神秘巨星”，是因为她实现梦想的每一步都得到了母亲的帮助和守护。

故事的最后，尹希娅能够逃脱父亲给她安排的命运——和一个与她素不相识的沙特男人成婚，也是因为她的母亲在最危急的时刻，终于克服了自己的怯懦，勇敢地带着她和弟弟冲破命运的藩篱，义无反顾地离开了专制暴力、重男轻女的丈夫，奔向未知但是有希望的人生。

与其说，这部电影讲述的是少女尹希娅的梦想实现之路，倒不如说，它讲述的是一位没有什么文化，也没有经济来源，整日被丈夫暴打的印度妇女，一点一滴守护女儿的梦想，并在守护女儿的过程中，自己与“既定的命运”进行抗争的故事。

尹希娅的成功，并不完全是因为她自己的坚持，如果没有妈妈对生活从顺服、忍受再到抗争的巨大转变，如果不是妈妈最终放弃有问题的婚姻，勇敢带着孩子离开那个专制暴力的男人，尹希娅恐怕没有机会站到颁奖台上拿到属于她自己的奖杯。

孩子的原生家庭，是他们成长的最初环境，这个环境往往很大程度上决定了他们的认知，塑造了他们的人格和价值观。

尹希娅的母亲，是在艰难的环境中依然有梦想和信念的人。她的信念，变成血液，流淌在女儿的生命里。

[2]

父母将一个生命带到这个世界，除了给他吃、给他穿、让他读书，还要给予孩子相信幸福的信念，给予孩子在逆境中也能看见希望，并且为之努力的能力。

因为生命的意义，不是活着就好，而应该是有希望、有信念、有追求地活着。

尹希娅的妈妈，虽然没文化，没钱，却是一个很特别的女性。

很多人，在错误的人生选择、日复一日的痛苦境遇、糟糕的婚姻现状面前，总觉得无力改变什么，要么就变得怨天尤人，对伴侣、孩子充满负面能量，要么就变得逆来顺受、麻木封闭，好像行尸走肉一般。

但是尹希娅的妈妈却没有真的绝望过、麻木过，也没有放弃过对幸福的追求。

无论是在她没有经济自主权，没钱给孩子买东西的时候，还是在她被丈夫羞辱折磨暴打的时候，她都是一个对于幸福快乐有期待，并且一直为之去努力的妈妈。

她想尽一切方法，在日常生活里，为孩子带来阳光和快乐，她竭尽所能为女儿争取实现音乐梦想的机会。

尹希娅说："我的妈妈很天真，就像个孩子。"**这种天真，就是面对现实生活的黑暗和困境时仍然保有的一份真心**。

尹希娅说，人没有梦想，活着和死了有何分别，睡着和醒着有什么分别？

最后，当她妈妈带着两个孩子离开自己的丈夫时，这位妈妈也对面前这个一直试图摆布控制她的男人，喊出了同样的话语。

看起来，似乎是尹希娅这样说了，她妈妈才这样说。

但其实在现实中，如果这句话不是母亲内心的声音，十四岁的孩子要如此坚定地喊出这样的话语，将非常困难。父母的信念、认知和价值观，会深刻地影响孩子的人生。

因为孩子会天然地认同父母，这是他们潜意识的本能，所以我们的信念和价值观，最初往往来源于父母对我们的影响。

父母对于我们思想的影响，不是讲道理，而是"随风潜入夜，润物细无声"，是无形无声、潜移默化的。因为人与人，其实除了意识交流（言语行动）的部分，还有很大一部分，是潜意识的影响。

你母亲或父亲内心深处相信什么、不相信什么，赞成什么、不赞成什么，他们的价值观、婚姻观、人生观，通过他们体现出来的行为和不明显的潜意识，都会在你孩童时代、少年时代，在你的价值观和自我信念形成时产生影响，也会在你日后的各种人生选择中发出声音。

这就是原生家庭于我们而言的一种重大意义。它就像植入我们脑部的芯片，永远是我们的一部分。

[3]

有这样一位母亲的尹希娅是幸运的。

虽然被暴力对待，被生活蹂躏，活在难以追求梦想的男权社会里，尽管不知道未来在何处，这位妈妈还是以实际行动做出了自己的选择，告别了不堪的婚姻。

但很多人，就不是这么幸运，不一定拥有一个这样的开始。

如果你的母亲以她的各种人生选择，她的言行举止传递给你的是，追求梦想往往是不可能的，人生就是应该接受现实，强调自我感受就是自私，我们应该屈从于命运和现实；如果你的母亲面对痛苦只会流泪或抱怨命运和他人，只会怨恨或者悲伤，从来无力做出自己的抗争，那么你自我中的一部分也会不断重复这样的声音。

为什么你想要不顾一切活出自我时觉得那么难以冲破现实的束缚？

为什么你想要重新选择工作、婚姻、环境时，会陷入一种长期的纠结？

为什么你活在一段被糟糕对待的关系中，却还不断告诉自己，这一切都应该去忍受？

为什么你会任由自己背弃梦想，背弃幸福，背弃对自己的真诚？

因为你的父母在养育你的环境里，就不断以自己的实际行动传递出他们对于人生的信念和价值观，然后你会将它们内化成为自己的一部分。

而当你的自我想要追求自我实现、追逐梦想、做出重大选择的时候，你内心的声音不止一种，这声音里会有那个植入你大脑的芯片发出的声音（你“内化的父母”的价值观），以及你想要坚持的自我发出的声音。

两个声音如果是矛盾冲突的，你很可能就会陷入纠结。

如果你对父母的认同非常强烈，潜意识里无法抵抗因与他们不一致产生的内疚，如果你和父母有很多共生关系，纠缠太深，和原生家庭的剥离太少，如果你没有自我分析和觉察，那么很可能，你会做出和你父母当年一样的选择，陷入和他们一样的命运。这就是**养育的真相**。

[4]

有一位读者给我写信，她说，她对于她的婚姻很纠结。

她的婚姻状况也是很多人的现状。

她丈夫不像电影中的暴力男，并没有打过她，她的丈夫是常年有外遇，早已背弃了婚姻中一对一的忠诚。

她不是没有努力过，她哭过、闹过、争取过，可是她丈夫还是一直没有改变。

她纠结了七八年，从三十多熬到四十，都做不了离开这个男人的决定。

每一年她都要说好几次离婚，每一年她都要和他激烈争吵好几次，她想办法多买一套房；想办法把对方的钱拿多一点在自己手上；刷老公的卡多买几个名牌包。这些是她在这样的婚姻里一直以来找平衡的方式，或者说是逃避去做决定的方式。

她说，老公经济能力强，对她和女儿都极好，出于内疚也对她们做出了很多弥补，所以她难以下定离婚的决心。

她说，她也无法说服自己真的接受这种不是一对一的感情关系，她也常常感觉到内心很痛苦，有时都觉得自己人格扭曲了，有时又很麻木。

她觉得自己的人生没什么希望了，她不相信自己还能幸福，还能保住这个家，给女儿一个完整正常的成长环境。

“我女儿未来能幸福就好。比我强就好。我的幸福，就算了吧。”

她问我：“我就想知道，这样的婚姻对我的女儿是好是坏？”

我想对这位读者，以及有此疑问的妈妈或爸爸说，你对婚姻的态度、对人生的态度、对梦想的态度，都会对孩子有潜移默化的影响。

你自己都不相信的，怎么教育孩子相信？

你自己都不争取的，怎么鼓励孩子争取？

人不是活在道理中的，是活在我们对生活的体验之中的。

你对孩子说一千遍一万遍“你不要活成我这样，你一定要找个对你专一的人，一定要追求自己的幸福”，也不及你让你的孩子亲身体验到你对于不专一伴侣的反应，你对于幸福的态度和你在婚姻中坚守自我的底线。

说没有用，期望没有用，没有行动支撑的想法没有力量，你期望你的孩子怎么活，你就在你的人生里怎么活，这样最有用。

如果你对婚姻的去留陷入纠结，对人生的选择陷入纠结，想想如果未来你的孩子处在你的位置，你希望她做出什么选择？

你相信的会影响她，你放弃的会影响她，你忍受的也会影响她。

电影中尹希娅的妈妈虽然遇到了一个暴力的丈夫，担心没有钱的未来，一直接受命运给予的一切，也曾表示应该顺从丈夫，从未想过离开。

但是最终，她还是发出了自己的呐喊，坚持了自己的准则，反抗了婚姻的现实，突破了自己的局限。

“打我是不对的，专制是不对的，有梦想是每个人都拥有的权力，所以我要离开你。”这就是价值观，是选择。这种选择，尹希娅和年幼的弟弟都在看着、感受着。

如果你是一位母亲或者父亲，你的选择的确不只是你的选择。

你的选择，你所依据的准则，你的态度和你的信念，你的孩子也会看着。

这篇文章的最后，我啰唆一句，在婚姻里思索自己去向的父母“请勿对号入座”。

每个人的现实和自我都各有不同，此文最后一个案例，仅适用于出于对孩子的顾虑而维系的，对父母来说已经无意义的婚姻关系。

但是有很多人，之所以不离开有问题的婚姻或者伴侣，其实除了孩子，更多原因是自我对于婚姻关系的需求，两个人之间矛盾而又相互吸引的关系，或者自己极度的不安全感等等。这样的读者请不要将这篇文章当作一种要求。

毕竟，每个人都处在自己的人生状态里。

“好妈妈”这三个字还没压死你吗？

//
谁都知道妈妈对于孩子来说，很重要。
但妈妈也是个普通人。
妈妈是养育者，是原生家庭的核心。

可是妈妈从哪里获取源源不断的能量
来提供给无时无刻不在寻求支持和关注的孩子？
如果我对自己好一点，我就不再是一个无私奉献的母亲？

这个问题，在你这里，可有答案？
//

［1］

我们在谈论心理问题的时候，常常会涉及原生家庭。

在我们谈到原生家庭的时候，有一个词是绕不过去的，那就是“妈妈”。

我们越来越了解到原生家庭不只是赋予一个人遗传基因，更重要的是在养育的过程当中，在人生的最初几年，它会塑造一个人的人格、性格、思维方式还有一个人的认知图式，甚至包括他的脑回路、脑神经系统。

“母亲”这个词何等重要。**因为母亲就是这个养育过程中最直接的供给者，也是原生家庭最核心的塑造者。**

但往往就是因为这个词如此重要，造成了很多母亲的困扰，给她们带来巨大的精神压力。

当大家有了一些心理学认知的时候，会开始发现——“想要做一个好母亲”和“能不能做到一个好母亲”，其实相隔着很远的距离。

而对一个女性来说，不是对她说“我应该”或者“你应该”如此简单的话语，就可以让她成为一个好母亲。

我们不能只是要求一个女性必须去成为一个好妈妈，而是应该先弄清楚，一个女性，和一个能提供好的养育方式的好妈妈之间，隔着怎样的“心理距离”。

我有不少的来访者在这样的问题上都存在着很大的困扰。

一方面因为她们自己的一些性格问题、内心的创伤，还有生活中遇到的一些问题，而深深地意识到，自己并没有一个非常好的原生家庭，并没有得到非常好的养育。所以当她们自己成为母亲的时候，就非常想不要再犯那样的错误。

但实际上当她们成为母亲的时候，当她们是一个或两个孩子的妈妈时，她们又发现自己没有办法做到完美。她们可能比自己的母亲好一些，但是距离自己的预期却非常远。

不管怎么努力，还是错漏百出，问题层出不穷，很多时候她们都是在勉强往前走，但是越往前走越觉得和孩子在一起是一种负担。

一方面想成为“足够好的妈妈”，一方面又觉得给孩子的陪伴，对孩子所有的给予，都带给自己一种巨大的压力。

这就是我遇到的不少来访者和我身边的不少女性一种共同的状态。

[2]

无论是一个母亲自己，还是作为母亲的伴侣或家人，可能我们除了去要求一个妈妈做一个好妈妈的同时，我们还需要知道，是不是一个妈妈只要想成为一个好妈妈，她就可以？

我想答案是否定的。

对于妈妈来说，她也需要认识到自己的局限、匮乏、不完美和不足够。

你不是神，你也不可能一生孩子就给得出你自己从未好好得到过的东西，比如优质的陪伴、稳定的承托、足够的耐心和高度的关注。

一个妈妈能够建立以上这种认识，就是一种对自己的接纳，**能够接纳自己不是一个完美的母亲这件事，才能对孩子拥有接纳功能。**

接纳的功能在妈妈养育孩子的功能当中，其实是最重要的。

如果我们看到一个母亲在二十四小时陪伴着孩子，我们不能说她给予孩子的养育就是足够好的。

这只是旁观者看到的，但不是孩子自身的体验。

如果在二十四小时当中，母亲总是人在心不在；母亲非常的焦虑；母亲只想着把照顾孩子的事情赶紧做完，不要出错；母亲特别害怕孩子有任何的状况，哭泣或者生病；母亲如履薄冰……

在这样的状态下，孩子感受不到母亲的接纳，他只会非常紧张，孩子被迫要做一个完美的孩子，去安抚母亲的情绪，他感受不到母亲的平静，感受不到母亲对他的承托。

一个焦虑的母亲，她自己本身是匮乏的，她在焦虑的当下，没有能力给孩子更多的爱和关注，即便她每天都和孩子在一起。

［3］

在这一段很长的开场白后，我想讲一条我收到的读者留言。

我想类似的故事会发生在很多的家庭里。

留言的就是一个妈妈，她有两个孩子，一个四岁，一个两岁，两个孩子都非常黏她，也很顽皮。

她是一个全职主妇，在家里带孩子，她感觉非常的疲劳，力不从心，她的丈夫常常因为工作压力很大，一回家就玩手机，或者在沙发上躺着，要不然就是因为工作，应酬到很晚才回来。

家里人并不理解，这个妈妈为什么疲劳？

妈妈曾经想过向自己的家人寻求帮助，比如丈夫，但是丈夫表示自己没有时间，所以她让自己的公公从老家过来帮带孩子（她的婆婆在给她丈夫的妹妹带孩子），结果她发现公公并没有什么带孩子的经验。

有一次公公在抽烟，一个没注意，孩子就被烫到，受了一点小伤。

所以她也没有办法放心地把带孩子这个事情托付给她的公公，她的先生也不能帮他分担，她觉得越来越累，能够给予孩子的能量也越来越少。

这个妈妈写信给我，她说她很想有自己的时间，能够整理一下自己的生活，跟朋友去见见面，或者一个人待着、出去运动、逛逛街，但是每一次她想要这样做的时候，一方面是家里人不理解，丈夫会说："你怎么又出去了？"而她自己也会在内心非常自责，觉得如果她把自己的两个孩子放在家里，让丈夫或者公公很随意地看一下，而自己出去玩，她就会感觉自己不是一个好妈妈。

因为她觉得无论是她的先生，还是她的公公，或者请来的保姆，能够给予孩子的都不如她。

"对孩子最好的不就是母亲吗？我在这个时候其实是责无旁贷的，应该一直陪着他们。可是同时我又觉得我很需要自己的时间，我觉得我这样想又非常的自私，我不想一直陪着我的孩子，有时候我甚至觉得恨他们！"

她精疲力竭，她非常矛盾。

我想对于很多妈妈来说，其实在爱自己和爱孩子之间，有时候就是存在矛盾的。

我觉得矛盾并不奇怪，不能因为“我想着出去玩，现在不想带孩子”，我们就说一个妈妈是自私的、不爱孩子的妈妈，而是在“爱孩子”和“爱自己”这两件事上，有的时候的确是有冲突的，需要取舍的。

从现实层面来讲，如果一个妈妈在下班之后拥有两个小时自己的时间去做健身，或者去做美容，或者去散步，那么她回到家的时间就会晚两个小时。

这个时候孩子在家期盼着工作了一天的妈妈回来，但妈妈又晚了两个小时回来，所以很简单，当妈妈拥有了两个小时的自我时间时，孩子得到的时间就会少两个小时。

从现实层面看，这个矛盾似乎是不可调和的。

循着这种思路，如果妈妈要爱自己，孩子得到的陪伴就会有某种程度上的损失。

但是，这个仅仅是从时间量度上来看，我们必须要意识到，**一个母亲的功能不仅仅是体现在陪伴孩子多长时间**。

一个母亲如果内心状态不好，比如她焦虑或者抑郁，她自己的能量很匮乏，这样一个妈妈整天一直陪着孩子，孩子的世界就会变得阳光明媚吗？不会的。

孩子也会被母亲深度影响。

这不会是好的陪伴。

[4]

一个刚出生的孩子在生命的头几年，需要的是很多的关注、爱护和发自内心的接纳与喜欢，再多也不嫌多。

这种充满关注，时刻都有回应的稳定养育，给了初生生命最好的滋养，也奠定了一个个体早期安全感的基础。

很多人在成年之后，因为安全感缺失而倍感焦虑，因为价值感低而无法进入亲密关系，都和最初时期得到的爱太少有关。

然而当一个孩子饥渴地寻找爱时，一个母亲是否有完全满足孩子的能力？还是说这完全只是母亲一个人必须要去解决的事情？这个妈妈在没有其他人支持的情况下，她有足够的能量给予这个孩子吗？

这一系列问题的答案，是因人而异的。

对于很多有童年创伤，自身也很匮乏，比较焦虑，追求完美，害怕自己不够好的妈妈来说，她们给予的力量是很弱的。

不是她不想给。而是她给不出。

每一个妈妈在主观上都想成为一个好妈妈，但是她给不出，或者她给得很勉强、很辛苦，没有办法长时间地、稳定地、足够地给予。

孩子在生命的最初几年，对于被关注的需求是非常饥渴的。

我们可以想象一个年幼的动物在拼命吮吸奶水的情景，就是这样的一种饥渴。

因为他要成就自己的生命，所以他本能地就会去争取非常多的能量。

当一个孩子发出自己的呼求时，他需要迅速得到别人的回应。

很多时候回应的人就是母亲，但回应，同样也是有能量才能给得出的。

如果一个妈妈很匮乏、很疲劳、很孤独，她自己就常常陷在深深的黑暗里，我们可想而知，她回应孩子的能量是多么的弱。她不可能是真正充满热情的，甚至可能是不及时的，是不足够的，如果没有能量的补充，没有别人（家人、伴侣、保姆等）的帮助，那么妈妈这种持续的对孩子的给予，对她自己而言就是一种“只出不进”的消耗。

所以当我们遇到这样一个状态，需要去思考的一个问题是，一个妈妈是不是应该理所应当地被消耗。在很多人看来，就母亲这个身份来说，即使为了孩子将自己消耗殆尽，似乎也是义不容辞的。

但我们必须清醒地认识到，如果一直这样去消耗一个母亲的话，母亲给予孩子的就不可能是非常好的养育。

这就好比你非要让一口枯井不断地出水，出来的水够一个人喝吗？够他喝多久？

所以给我提问的妈妈，我觉得她提出了一个很多人想提的问题。

其实她想表达的是——“我需要有人可以帮我”。这是她生活中现实层面的需求，她需要有人帮她一起陪伴孩子，帮她一起去回应孩子的需求。

更重要的，她想表达的是，她从自己的内心层面发出的请求——她需要有一个人去理解她、看见她、关怀她，看见她的匮乏无力，看见她的勉力而为，然后能够认同她，去稍微关怀一下她。

也许她的丈夫，不能每天在家帮她多带一个小时孩子，这是件很现实的事情。

有一些人是因为工作，也有一些人是因为自己的一些心理或者人格问题，没有办法进入到父亲这种养育孩子的角色，没有办法真正和孩子待在一起，去回应一个孩子的需求。

但是作为一个丈夫，他至少可以给予妻子理解。你不一定是这个问题的解决者，但你要承认，你的妻子的确处在一个勉力而为的状态。

如果有人能够看见这个妈妈是如何的勉强，如果大家可以看到她的不完美、不足够，不是因为她不想做一个好母亲，而是因为她自身的有限，她得到的养育，她的世界里没有足够的能量去支持她成为一个不断给予的妈妈。那么这种“看见”，对妈妈来说，就是一种支持、一种给予、一种能量的提供。

巧妇难为无米之炊。

对于一个妈妈来说，做妈妈当然是天经地义的事情。

当一个女人生育了子女时，养育子女就是她们的责任。

这是天然的。

但是对于一个女人来说，她能不能做好一个妈妈，却不完全是她主观想办到就能办到的事情。

我们要看到这个自我，这个个体，她的特异性，她的需求，她有没有得到滋养？有没有能量？

所以，这就是我想对向我提问的读者，也是对其他母亲说的，当你感到疲劳困难、难以为继的时候，如果没有别人来帮助你，那么你需要去做一些疼爱自己、关注自己、安抚自己的事情，这是一种自己为自己补充能量的方式。

只有这样你才有能力给予孩子真正需要的滋养。

假如今天你晚回家两个小时是为了让自己喘一口气，调整好自己的状态，那么在接下来陪伴孩子的两个小时当中，你会是一个快乐的、有能量的母亲。

那么，我觉得你爱自己的这两个小时，和你爱孩子的两个小时是不矛盾的。

很多不错的妈妈，其实是被“好妈妈”三个字压坏的。

你不接纳自己的真实需求，又如何提供给孩子接纳？

你爱自己更多，才能爱孩子更多。

我想，看到这里一定会有人说，那我出去玩的这两个小时，我和朋友一起去旅行的这几天，会不会给我的孩子带来什么创伤？会不会引起他的分离焦虑？会不会造成无法挽回的结果？我明明可以留下来陪他却选择了自己去逍遥快活。这难道不过分吗？

孩子也是一个不断成长的个体，他也需要在母亲的保护下去逐渐发展自己独处的能力。

妈妈出去两小时或者出去一天，并不是不再回来。

妈妈离开，妈妈又回来，就好像一个游戏。这对孩子来说就是一种慢慢适应分离的过程，也是对于他安全感建立的一个确认。

他会知道妈妈的离开不是永远的离开——当我不能够完全把一个东西抓在手里的时候，不意味着我就会永远地失去它，不意味着这就是丧失。因为妈妈还在。

然而更重要的是，我们本来就无法给孩子提供一百分的完美养育，无论你怎么做，可能都有一些欠缺。

当你和他在一起的时候，你是真心地想和他在一起，想陪伴他，在这样的时刻，你才能够真的看见他，他才能真的感觉到他是被爱的。

多制造一些这样的时刻，就非常好。

我理想的爸爸，不只是赚钱养家

//
身为爸爸，其实并不是不爱自己的孩子，
而是从来没有意识到，也没有深度理解过
爸爸给予孩子最珍贵的是什么，
也不知道，爸爸对孩子的陪伴，
为什么不可替代？
//

如果说，一个人的原生家庭，很大程度上决定了他感受世界和感受自己的模式；如果说，一个女孩未来遇到的男人，一个男孩未来成为的男人，都和自己生命中第一个男人烙印在一起，那么最可怕的或许是，而今“丧偶式教育”已经成了一种普遍现象。

最有意思的是，当一位父亲“愿意”花大量时间陪伴孩子玩耍、上课、旅行，如此平常的行为却成了被人争相传播赞许的事情。

[1]

相对于妈妈来说，爸爸是完全不同的一种存在。

在我的记忆里，妈妈总是小心翼翼、紧张焦虑，觉得世界到处是危险和坏人，妈妈总是像一头母狮子一样防范外界对孩子的侵害，“你不可以”“你不要”“你千万不能”，这都是妈妈的口头禅。

但是爸爸带给我的世界，完全不同。

我记得小时候，很多次，我和外婆一起站在家门口的公交站，热切地期待着我爸爸回家。和爸爸在一起时的那种快乐，无人能给予。

他会给我有力的拥抱；他会拿胡子扎我的脸；他在上海出差时会用一个月的工资给只有三岁的我买一件奢侈的豹纹大衣；他给我买我从未见过的最大的巧克力，我幸福地把它藏在抽屉里；他带我打羽毛球、下象棋、去江边游泳、去公园、在草地奔跑、放风筝……

他不会对我说外面很可怕，相反他带着我以探索的姿态，去认识世界，他不会只是教我防范这个世界，而是让我站在他的身边，看他怎么征服这个世界。

这样说，不是煽情的编造，而是，在孩子的童年期，无不充满着对父亲这个形象理想化的仰望。

如果这个时候，父亲游离在家庭之外，只顾挣钱，只顾工作，将陪伴孩子的事情交给“带孩子的人”，比如妈妈、奶奶或者外婆，那么在这个重要的，需要依赖父亲去认识、探索新世界的时期，孩子可能因为父亲的缺席而变得怯懦、退缩、畏惧、过于谨慎和悲观。由此形成的对世界的认知也就停留在了某处。

常年忙于工作的爸爸别去指责妻子“怎么把孩子带成这样？带他出去畏畏缩缩，一点都不大方，一点男孩样都没有”，为什么？因为这本来就是爸爸去做才能做得最有效果的事情。

[2]

我遇到一些很优秀，看上去自信又聪慧的女人，她们总出乎我意料地遭遇了特别狗血的爱情故事，遇到特别渣的男人。我不禁泛起一个又一个疑问——她的父亲究竟是怎样一个人？究竟如何爱过她？是否给过她可以确信的父爱？

父亲和孩子的关系，往往贯穿孩子的人生。

除开母婴关系，父亲对孩子的陪伴往往影响着孩子的安全感建立、自信感建立、自我身份认同和亲密关系的处理。

很多在亲密关系中遇到“渣男”，忍受糟糕对待却仍然不知离开的女孩，在童年经历里，要么遭遇过父亲的缺席，要么父亲对待家庭的方式特别糟糕。

因为没有得到生命中第一个异性——父亲足够的关注和陪伴，女孩慢慢形成了在男性面前缺乏“价值感”的人格特点，在两性关系里，不自觉地处于“自卑”中，处于“担心自己配不上对方”或者“不相信对方会对自己不离不弃”的心理模式中。

一方面希望得到很多被爱的证据来弥补对自己女性身份的不自信和怀疑，但另一方面，又因为早年父女关系的影响，在潜意识深处并不相信自己能够真的被一个男人很好地爱护。

一个没有在父亲面前撒过娇的女孩，要成为那种“懂得撒娇的女人”，都得走好长的一段路，有的人甚至一辈子都会有“撒娇”的障碍。

因为，她的父亲从来就没有给予过她一个可以“被撒娇”的姿态。

“我要做一个怎样的男人？”这是每个男孩子心里的疑问。孩子会无条件认同自己的父母，而这个问题首先是由男孩的父亲来回答的。

一个父亲如果一直待在儿子的世界里，和他有沟通和交流，那么儿子就会在成长中，融合这位父亲的样子（人格、思想体系等）。而父亲如果总是缺席，那么儿子的成长中融合进去的，可能就是母亲嘴里父亲的样子，或者是他自己想象中的父亲。

一个父亲如果希望赋予一个男孩什么样的特质，最好的办法就是，让孩子看到真实的自己，亲自去影响他。

如果一个父亲能陪伴孩子去爬山、徒步、探险，一起克服困难，去探索这个世界，让孩子感受到父亲的宽广和坚韧，这对一个男孩的人生来说无疑是最佳的教育，胜过任何名校和补习班。

我有位好朋友，去年暑假带他八九岁的儿子到著名的年保玉则[①]徒步了六天，在比较艰苦也有挑战的跋涉中，这位爸爸作为一种安全感的象征，稳稳地陪伴在儿子的身边。

这种亲子活动首先有助于孩子内心安全感的建立，在旅途中，爸爸也克服了自己的很多恐惧，尽量不抱怨地完成整个徒步过程。这一切被孩子深深地看在眼里，在潜意识完成对父亲的认同的同时，父亲体现出的男人的毅力和品质，也成了孩子将来成长为男人最好的内心动力。

男孩体验到并获取的力量，其实是从父亲内心而来，是一个男人将自己积累的力量以这种陪伴旅行的方式，传递给了未来的另一个男人——他的儿子。

[3]

心理学有一种理论，认为心理的治疗，其实是在游戏中进行的。

心理学家温尼科特说：“心理治疗就是病人和治疗师一起玩。”

也就是说，在重建心灵的咨询里，对于心灵的疗愈来说，游戏是至关重要的一种方式，而同样的，最好的教育是可以在游戏

① 又名年宝叶什则，“果洛山”的发祥地，位于青海省久治县索呼日麻乡、白玉乡境内。——编者注

中进行的教育。

因为教育，也是和心灵打交道。

不得不说，很多家庭里的妈妈较少有“游戏”的精神，她们往往被生活的压力弄得比较操心和唠叨，不会那么有趣。

在一个家庭里，父亲无疑是最具有在游戏中教育孩子能力的人。

这是父亲一种天然的特质。

爸爸往往比妈妈更开放自我，更喜欢挑战，爸爸往往比妈妈更具有幽默感，更有游戏精神。

相比唠叨紧张的妈妈，大而化之、关注点广泛并且思维跳跃的爸爸是孩子最佳的游戏搭档。

对于很多家庭来说，教育孩子，提高孩子的成绩，似乎就是父母双方最重要的事情。

很多爸爸都在做的一件事情是，拼死拼活去买学区房，挤破头要让孩子上最好的小学、中学，但是很多爸爸却不知道，如果能够用一些专门的时间陪伴孩子学习，在学习中，以游戏和趣味的方式调动孩子的积极性，让孩子喜欢这些挑战，或者，在一起玩耍的各种游戏中开发孩子的思维模式，提升孩子解决问题的能力，那么这种影响对于孩子来说，远比学区房重要。

因为，这是对一个人思维方式的塑造，心理力量的提升。

改变“丧偶式教育”，不仅仅是批判丈夫在孩子教育的事情上没有帮助妻子，更需要让爸爸们建立一种认知：陪伴孩子，本身就是父亲职责的一部分。因为这关乎孩子人格的发展成长。

“我理想中的父亲，不是赚钱养家就好”，当一个父亲理解了父亲存在的真正意义，那么他会成为一个更好的父亲。

我只是想要被接纳，为什么那么难？

//
即使你在九十九件事上都不接纳，
哪怕你能接纳一件，
其实都是有意义的。
每一次觉察，
每一次接纳，
都有巨大的意义。
//

[1]

最能让我们获得平静的终极爱情，是你可以在那个人面前袒露完整的、真实的自己。这是我们潜意识里不能停止的渴望。

而这种袒露的前提是被接纳。

没有感知到会被接纳的安全感，袒露真实往往是困难的。

我想说说我和我儿子的故事。

我儿子六岁，还没有去小学，今年九月就要成为小学生了，可是他总是在早上抱怨："我要睡觉！我还要睡觉！"

然后他会一直躺在床上，要大人把他拖起来穿衣服穿鞋，穿完衣服他还能继续倒在床上不起来，使尽力气和床粘在一起。把五十斤的他拉起来穿鞋送上校车，我能出一身汗。而且很多时候，我们根本赶不上校车。

我发现我焦虑了。我算是心大的妈妈，也有自己的坚持，孩子没有原则问题我是不干预不介入的。但是我的底线也有，就是基本准则，比如准时上学、写完作业。

我开始和他讲各种道理，和他谈心，谈论未来，谈要成为一个怎样的人，要从什么事情开始做起，谈学习的重要性，谈课堂的规则以及为什么需要去遵守它们。

我也会讲自己童年时早上六点就要起床，走路半小时才能到学校，而他现在是七点半才起，还有校车接送，希望他在对比中产生幸福感。

可是他还是老样子。

晚上为了让他早睡，我关了灯，他也是睁着眼睛躺在床上，可以从九点躺到十点。

我以极大的耐心努力了多次，我觉得我好像没有办法了。

无力感，焦虑感，恐惧感，油然而生。

我对自己无法有效改变他不起床上学这种情况感到了无力；我焦虑于他不久后上小学的表现；我恐惧如果他连按时上学都做不到，以后会怎么样，接着我愤怒了。

我愤怒于自己的无能为力，但是这愤怒也朝向他，他怎么如此讨厌！

我试了这么多方法，为什么还是无法改变他？

[2]

在几个回合之后，在做了很多努力和尝试还是毫无效果后，我有一次看着他的眼睛，严肃地对他说："如果你不能起床去上学，如果你连这件基本的事情都办不到，那就证明妈妈真的没有教育好你的能力，那你读小学的时候就去住校吧，让老师来管理你，或者让有能力的人来管理你！"

住校这件事以前我和孩子讨论过，他明确说想在家住，所以我们达成过共识，就是他在小学阶段是不会去住校的。

当我这样说的时候，我告诉自己我是希望用这样一种方法去让他意识到问题的严重性。可是这样说了之后，他上学的时间问题还是没解决，甚至更严重。

接下来的半个月，他对我的态度变得极其不稳定。

有时我挨近他，他会说："妈妈走开！"

有时我不在家，他又会打好几个电话给我，说："妈妈我好想你，你快回来，你还要几分钟回来？"

我还是没有"意识"到，这件事我做得有问题。

直到有一天我和一个好朋友吃饭，她也有一个七岁的儿子。

她说起有一天她孩子写作业，怎么都写不好，不是不会写而是态度糟糕，几个字的作业写了半天还错漏百出，她很生气，拿了一张纸捏成一个团朝孩子的脑袋扔了过去，还吼了孩子几句，结果孩子竟然对着她大喊：“你怎么拿纸扔我！”两个人眼看就要打起来了。

她说，那一刻，她突然觉得自己做得不对。

她冷静下来走过去，抱着孩子说：“妈妈向你道歉，不管怎么样，我不应该拿纸扔你的。”

那个六十斤左右高大威猛的小男子汉，刚才还怒目圆睁要和妈妈干仗，听到这句话就号啕大哭，哭了好久。

哭完，七岁的孩子反省了自己的问题，并且说：“妈妈帮我一起改正吧。”

她说，其实孩子心里很委屈，才会哭的。

当她说完这句话时，我觉得我的眼泪也要掉下来了。

也许，我小时候之所以能六点起来去上学，从不迟到，也不敢说“我不想去上学，好想睡觉”，是因为我的父母会以各种形式告诉我，他们不会接纳闹着不去上学的我。

所谓接纳，不是指任由孩子闹着不上学，不干涉、不管束或者不帮助他。

接纳的意思是，你可以呈现出你真实的样子，这个真实的部分可能是不够好的，甚至是很糟糕的，但是我不会因此离开你。

我不会被你的呈现吓跑，我能够和你一起看见你不够好的真实，然后我们再一起去面对它。

于是，你可以袒露真实。

而我对我儿子说出的那句“如果你继续这样下去，妈妈就让你去住校，或者让别人来管理你”，其实充满了“不接纳”——你怎么能如此真实地表达你不想起床、不想上学？你难道不应该很开心地起床，很喜欢上学吗？你难道不应该觉得按时上学是天经地义的吗？你还继续表达你这种真实的话，妈妈就不和你在一起了。

这才是那句话真正的含义。

那么在孩子听起来就是——虽然我很想睡觉，不想去上学是真的，但是假如我把这些想法表达出来，妈妈是接受不了的。妈妈就会离开我，不爱我。

后来，我就回家向我儿子道歉了。

我郑重地说：“我错了。首先妈妈不会不征求你的意见就送你去住校，也不会因为你不起床，就让别人来接替妈妈管你。无论发生任何事，妈妈都会和你在一起，不会离开。你很想睡觉，不想去学校的心情妈妈理解，所以我们一起想办法，一起慢慢克服这个困难，不管怎样，我会在这里，一直爱你。”

他没哭，笑了。

过了几天，他自己对我说：“妈妈，我要八点睡觉，这样我就能按时起床上学不迟到了。”

虽然我到现在也不知道，我是不是能完美解决上学迟到这个问题，但是，我接受了我的孩子，我知道我们会一起面对这件事情。

我对孩子的“问题”最开始的态度是不接纳，后来的态度是接纳。

读到这里，一定有人要跳起来了：

“你这样定义接纳，那我几乎从没被接纳过了。”

“我对我的孩子要是事事都接纳，那家里要翻天了！”

“照你这样说，那我接纳伴侣接纳孩子太难了，我没有这个能力！”

“天哪，那我一直没有接纳孩子会不会造成很大的问题啊！”

别急，咱们的思维不要非黑即白走极端。

被接纳是一件很棒的事情，这让我们可以在别人面前呈现真实的自己，让完整的自我见光，让自己感觉被抱持，并获得极大的安慰和安全感。

但是这不代表你就必须要做到接纳啊！

对很多自己都没有被接纳的人来说，接纳本身就是稀少而宝贵的。

比如一个人小时候被接纳得少，于是自己也不能接纳自我中不够好的那一个部分，那么长大了，他也一样可能并不具备接纳他人的能力。

就好像是，父母对我没有无条件的抱持，我自己就无法无条件抱持自己，我怎么有力量去无条件抱持他人？

所以接纳本来就是困难的，非黑即白走极端的人也许会想：接纳别人太难了，我做不到，所以不要做了。

这样的人要求太过纯粹，老是盯着自己还没完成的那部分，无视自己能够做到的事情。要么自我责备，要么过早放弃。

但是关于接纳，我们要拥有这样的思路：**即使你在九十九件事上都不接纳，哪怕你能接纳一件，其实都是有意义的。**

每一次觉察、每一次接纳，都有巨大的意义。

伴侣之间也是一样，完全的接纳是不可能的。

但是，有没有可能在一件事情上，你通过觉察，表现出对他的接纳，告诉他虽然我看到了这样的你，但是我仍然会和你一起，你可以把你这一面展现在我面前，不用担心我会离开。

你看看，会发生什么。

我们做的每一件事，都有其意义。

不是只有完美的一百分才有意义。

[4]

如何看待不被接纳的这种痛苦呢？

我自问我的确比我儿子小时候乖十倍以上，从不让父母操心。

我也绝对不会表达“不想上学，我要睡觉”的想法，那也许是我真实的想法，但是我不可以袒露那样的真实，因为那种真实会引发我父母的焦虑，父母无法承受，不会接纳，于是他们会让我意识到，我这样做他们就不会爱我。

于是我再也不会这样了。

你看，这就是我的不被接纳。

痛苦吗？痛苦。

但是当我现在作为一个观察者去写下这个故事时，当我体验到自己作为一个妈妈面对孩子的各种情绪时，我也看到了自己的无力、焦虑和恐惧，还有迫切希望自己能够做一个好妈妈的愿望。

我为什么不能接纳我的孩子？

因为我也不想去承受那种可怕的无力感、焦虑感和恐惧感，因为我太希望自己是一个好妈妈，所以就需要一个好的孩子去证明。

我想我妈妈当年很可能也是这样，自我价值感比较低的她，应该更需要完美的证明，所以她比我更严重、更迫切、更无法忍受在孩子身上出现的一切问题。

当我们不被接纳的时候，那一刻，假如我们能读懂不接纳我们的伴侣或者父母的内心独白，看到他们的软弱无奈，也许你就会因此减轻自己由于非常不被爱而产生的受伤感。

接纳真的是很困难的。

这个人要有承受你真实一面的心理能力。

这不只是他想与不想、爱与不爱的问题。

也就是说，他只有能够自己整合消化你的真实带给他的无

力、焦虑和恐惧或别的负面情绪，他才能对你那些不够好的真实不见诸行动，

只是接纳，不是逃开，不是抗拒，不是改变。

无论是你的父母还是你的爱人，任何一个人对你的接纳与不接纳，都和他的人格有关，取决于他的潜意识模式，他在怎样的环境下长大。

接纳是一件可遇不可求的事。

但是理解自己的不被接纳，以及慢慢累积对他人的接纳，却是你可以去做的。

如果你不是那么需要自己成为一个好妈妈，你就可以不再那么需要一个不出问题且各方面优秀的孩子。

如果你能接纳自己的不完美，那么你也就能允许关系中的他人表达一些不够好的真实，而你不会再因此焦虑恐惧，你能和这个真实的他人待在一起。

然后关系就长久了，因为彼此的真实度增加了，这个连接也就深刻了。

于是你也就不那么孤独了。

当你被语言霸凌，忍是最傻的事情

//
语言暴力足以摧毁一个人，
在一个人的内心刻下伤痕，
损害一个人活下去的意志，
残害一个人的身体和精神。
//

[1]

那个语言杀死植物的实验，大家听说过吗？

二〇一八年的五月，阿联酋一家宜家店和某学校合作，将两盆盆栽都罩上透明罩子，给它们相同的培养条件，并放在校园里。

实验的名字可以叫作“人类语言的能量到底有多大”。

所有的学生，开始分别对两盆植物表达不一样的语言态度。所有人被要求对一株牌子上写着“这株植物被霸凌”的植物进行语言攻击，然后所有人要对另一株牌子上写着“这株植物被褒奖”的植物进行表扬。

当然，骂人的话，是特别狠的那种：“你一无是处，是个废物！”“你为什么不去死！”“你一点也不招人喜欢”……

褒奖的话，大家也能猜到，都是鼓励、认同和支持：“我喜欢你做自己的样子！”“一见到你我就开心！”“世界因为你而美好”……

结果就是，三十天后，被语言霸凌的植物盆栽彻底枯萎了。另一株被褒奖的植物，还生机蓬勃。

也许，有人说，这就是个巧合，一次实验并不能代表什么。或者，过段时间，这个实验被人揭发说是假新闻。但是，尽管如此，语言暴力的杀伤力确实是存在的。

它不一定真的可以摧毁一株植物。因为我不确定，植物是否能感受到善意或恶意，但是它足以摧毁一个人，在一个人的内心刻下伤痕，损害一个人活下去的意志，残害一个人的身体和精神。

［2］

所以，你还在害怕吵架吗？

当一个人用语言伤害你、攻击你的时候，如果你很害怕吵架，那么他投射给你的那股强烈的、愤怒的能量，你要如何处理？

“以和为贵”是一句很不错的话。

但是，其实“丛林法则”往往更适用于我们的人生。

因为人的动物本能是很强的，理智控制不了大家的潜意识，我们是被潜意识中的本能所控制，被情绪所左右。

生活中的关系总是充满着大量的投射，自己消化不了的情绪，通过各种攻击、指责去扔给别人，这就是很多人每天都要做无数次的事情。

如果这个人每天都打你，你还和他以和为贵？

不，你得反击。让他知道打你有一个后果，他的潜意识才不会总是将你作为出气的对象。

大家清楚了界限、规则以及违规的后果，生活中的关系才能长久。

怕得罪人的老好人，并不一定能拥有好的关系。他们很可能只能成为别人安放负能量的垃圾场，自己也渐渐活得没有了生气。

［3］

问题来了——如果一对夫妻中一方对另一方投射了坏情绪，对他进行语言霸凌，那要不要为了孩子忍？

不，不需要。

给孩子营造一个父母很和谐的虚假世界并不会真的对孩子有好处。

这种虚假世界，就算你假装出来“我们都很好”，孩子也会觉得很不对劲。

孩子无法解释和整合这个“很不对劲”，那么终究还是会影响孩子的人格。假的就是假的。假的真不了。

你可以做的，就是尽量不要在孩子面前和对方大声嚷嚷。

在孩子面前，注意你说话的措辞和分寸，因为孩子的理解能力有限。

比如你为了出气说“你去死吧”这样的话，孩子会觉得死是真的，你就是想杀了他爸爸。或者你离家出走，孩子会以为你抛弃了他，再也不会回来了。

但是你可以在没有第三个人在场的情况下，以简单直接的方式，向对方表达出你的愤怒，用手机微信和短信，把你的愤怒和感受全部写出来发给对方，严肃认真地告诉他，他的语言暴力让你产生了糟糕的内心反应，影响了你的生活，也影响了你的健康，你需要给他一个可以预见的后果，让他了解，在他持续的语言暴力之下你可能会采取的保护措施。

重要的是，当你被语言攻击了之后，当你遭受了语言暴力后，你要意识到，你已经受伤了，你一定要去做点什么。

表达出“我被你的语言伤害了”是一件很重要的事情。

这就是对“看不见的暴力伤害”一种很重要的处理，也是对创伤进行处理的一种方式。你要将这种隐形的伤害呈现出来，给它一个定义。完成了这个过程，你会好受很多。

要感谢心理学，它让我们有了疗愈自己的机会，以及让自己免于遭受语言霸凌这种“隐形伤害”的机会。

为什么真正影响我们的最严重的创伤，都是发生在童年？

除了童年是人格发育的重要阶段，很多创伤会在早期被直接写进人格编码里这个原因之外，还有一个很重要的原因是，孩子遭受了不恰当的、糟糕的对待，却无法进行“我被伤害了”“我很难过”“你这样说我是不对的”这样的表达。

因为无法用语言对父母或其他人描述自己受伤了；因为无法用语言将自己遭受的“隐形伤害”呈现到一个可以“被看见”的位置，所以，创伤才会真正形成。

当你长大了，也是一样的。

面对长久的语言暴力，并不会因为你是一个成年人，你就能自我调节得很好。

如果你总是活在一个充满恶意和攻击性强的环境里，无论你的理智多强大，你或多或少还是会被影响，就像那株植物一样。

假如，我们将充满恶意和攻击性的语言看作是一种黑色的能量，它被一个人扔向你，而你没有通过表达将它处理，也不能扔回去，那么你就在一直吸收它。

开始，也许你还有一些消化吸收的能力，但是到后面，这种黑色能量越来越多，而你又无法去隔离自己，负面能量还勾起了你内在的创伤——对自己的否定、怀疑、责备，那么负面能量对你造成的伤害可能会导致两种结果：让你去攻击自己，攻击转向自身，你的正能量用完，你变得抑郁；又或者你的理智看上去可以打败负面情绪，但是你的身体会出问题，生出各种病症。

[5]

我不是说，我们每一个人都要去以牙还牙，以暴制暴。

我曾经写过，理解别人为什么攻击，可以减轻攻击对你的伤害。这本身也是一种疗愈。但是，你还是要表达——我被你攻击了，我这样很难受，如果你一直这样，后果很严重。

你需要去表达你的立场，抒发你的情绪，让你的感受呈现出来，被人看见。

这是很重要很重要的一件事情。

植物不会说话，但你是可以说话的。

如何让离婚，变成一件不那么伤害孩子的事？

//
我希望，
在父母不幸的婚姻中，
孩子能够在一个被保护的环境里继续健康成长；
继续自由地爱自己的爸爸、妈妈；
继续做一个孩子，不卷入大人的战争。
//

如果说，对一个孩子而言，不完整的家庭，不再相爱的父母，是对他人生的一种伤害，那么在家庭裂变时，在父母从夫妻变成敌人后，一个孩子不得不在心理上与爸爸或者妈妈硬生生地分离；不得不去被迫仇恨自己的爸爸或者妈妈；不得不默默怀着对另一个人无尽的思念，背负着巨大的内心冲突而长大——这将是对孩子的人生和人格而言更大的伤害。

二者的不同之处在于，第一种伤害是一个不幸婚姻的自然产物。当婚姻结束后，这种伤害可以在父母的共同努力下减到最轻。

而第二种伤害则是一个或者几个成年人犯下的罪行。

逼迫孩子永远不见他的父亲或者母亲，不允许孩子继续去爱他的父亲或母亲，将孩子当成自己报复对方的工具，这种伤害孩子、扭曲孩子人格的方式，远比在婚姻和感情中所有的“不道德”都更为“不道德”。

［1］

曾经，有对明星夫妻离婚，离婚官司二审判决的结果是夫妻二人各抚养一个孩子，女儿跟妈妈，儿子跟爸爸。

而后，妈妈在微博上发了一段这样的文字：“儿子女儿一同长大，这些年不曾分开，我需要同他们去讲，让他们明白和接受，可你为什么不给孩子这样的过程……我希望在最初的这段时间返回同一小区居住，让孩子们适应最初的变化，可你为什么毫无温度的只考虑外界影响……”

这段话令人心酸的原因不是成年人之间的无声的战争，而是年幼的孩子不得不面对突如其来的分离和改变。我想，这也是很多二胎家庭婚姻解体时不可避免的一种遗憾。

如果离婚是一个最终的选择，如何才能减少对孩子的伤害？处在父母的离婚大战中，没有人听到孩子的声音，去安抚孩子的情绪。一起长大的兄妹在毫无准备的情况下就要被彻底分开，没有心理建设，没有适应过程，没有过渡空间。

伤害孩子的从来不是离婚，而是不由分说的被迫分开。

这样的伤害，本来是可以避免的。

离婚其实本来没有那么可怕，是成年人把它变得可怕。

让孩子在一个父母常年争吵、冷战，彼此怨恨的家庭中成长，还不如父母理清彼此的关系，解除婚姻中夫妻的身份，回归各自的人生。

这样孩子不用在父母之间去承担黏合婚姻的义务，可以单纯地做一个孩子。

从心理学的角度来说，孩子不介入父母婚姻，只是作为孩子，作为一个被照顾者单纯地长大，这在一个人人格形成的时期非常重要。

而孩子如果卷入婚姻斗争，成为稳定婚姻或一方制衡一方，甚至一方报复一方的工具，那么孩子的人格中就会掺杂很多远超他年龄的东西，他的内心过早地被迫发展为成人。

就像我们常看到的很多“小大人”，在该做孩子的年龄介入了大人的情感和关系，变得像大人一样，这其实并不是好事。

这样的“懂事”，也是以阻碍孩子的人格和自我健康发展作为代价的。这违背了心理发育的正常节奏，是一种心理发育的异常。

我们可以想象一下，小树苗的成长。

按照植物生长的规律，春天萌芽，一年长出一定的比例，经过数年，长成参天大树，这是符合生长规律的。

对于父母来说，如果婚姻出现问题，你所能做的一件最好的事情就是，将这个问题框在两个成年人彼此的关系里，尽全力让你种下的这棵小树继续沿着他的生活轨迹和节奏成长。

这句话，翻译得再直白一点就是——你或许给不了孩子一个完整的家庭，如果不幸的婚姻已经是无法逆转的现实，那么你应该和你的前伴侣一起，尽全力让你的孩子继续做一个孩子，不要让孩子去承担你们婚姻解体、关系破裂的后果。

这些其实是父母的本能，无须学习心理学，只要是爱孩子的父母都会知道。

既然都要离婚了，那么孩子利益优先，保护孩子，尽量降低对孩子的伤害，这么简单的道理，难道要学了心理学才知道吗？

[2]

道理并不复杂，但在现实中，父母的离婚大战让孩子内心流血的情况随处可见，随着离婚率的攀升，离婚事件中比起如何去建立自己的亲密关系，如何保护未成年孩子是对每一个成年人来说，更为重要的议题。

因为对于孩子来说，童年创伤影响之深远，贯穿他的整个人生，蔓延在他未来的所有关系里。

悲哀的是，我们总是能看到在一个失败的婚姻里，一个成年人在血泪控诉另一个成年人，却很少有人能第一时间去看到待在一边的孩子心底的泪水。

成年人内心也住着孩子。

当被伤害和挑衅时，我们暂时忘却了自己作为父母的身份，内心被巨大的愤怒充斥，只想着报复和讨伐对方。

那么的确，孩子会成为最顺手且最有效的工具。

可是，如果冷静下来，不被自己的愤怒淹没，意识到自己作为父母的身份，首先要做的是保护未成年的孩子吧。

我遇到过两个真实的故事。

我有一位律师朋友，跟我说过这样一个案例。

男方婚后若干年有了外遇，被妻子发现。

男方的想法是离婚。因为之前和妻子的关系已经很糟糕，两人在不同城市生活也已经七八年，都是男方和奶奶在带孩子。

女方得知男方这样的意愿后非常愤怒。她通知男方，离婚可以，但是要立刻带走孩子，将面临小升初的孩子送回自己的老家升初中。

这事最后闹到法院。

男方起诉女方，他希望得到孩子的抚养权，并且自己愿意净身出户，将名下所有房产给对方。但对方不肯让步，放话说绝对不会让男方好过。

我的律师朋友当时聊到这件事时，说因为男方是过错方，他的抚养权诉求要想得到支持也很有难度。

后来孩子是否不得不离开生活了十二年的城市，离开一直照顾他的父亲和奶奶，离开同学和朋友去陌生的环境上学，我们不得而知。

我希望不是。

而另一个故事，似乎更悲伤一些。

我有一个来访者，父母在她十三岁时离婚，她跟随父亲生活。

她婚后并不幸福，在两性关系中一直有很多问题，最近开始做心理咨询调整自己。

她父母当年分开时，所有人都指责她的妈妈是一个“交际花”，是一个不守妇道的女人，说她妈妈不配做母亲。当她妈妈和别的男人交往被发现后，父母便离异了，她开始和不熟悉的奶奶一起生活。

这一段生活，成了她人生中重大的创伤。

“我特别想念我的妈妈，晚上每每想到她我就哭了，但是我不敢哭出声，因为在我爸爸和奶奶家里的每一个人都说我妈妈是坏人，我的姑姑、姑父，我的表哥表姐，他们都是这样。

“我不能和任何人说我还是爱我的母亲。

“当他们骂我妈妈时，我很想回嘴，我觉得我妈妈也很可怜，这不全是她的错，可是我不敢出声，不敢帮她，我恨我自己什么也做不了，我也恨她为什么要在外面找男人。”

这两个故事里，我只看到了站在道德和社会规范的立场，一个或几个成年人去讨伐和报复另一个不尊重婚姻制度的、有明显过错的人，但是我没有看到，在父母不幸的婚姻中，孩子得到足够的保护和安抚。

［3］

这两个故事，留下了一个疑问让我们思考。

当婚姻破裂，而一个人是明显的过错方，甚至是当他道德出现问题的时候，你是要不顾一切地讨伐他，还是考虑到对方毕竟是孩子的家长，你需要先和他共同对孩子做出未来生活的最好安排，然后再去处理你们之间的矛盾和关系？

也就是说，当婚姻解体时，两个成年人要优先处理的是，作为父母如何安抚和照顾孩子的问题；还是要优先处理，作为婚姻中的男女，谁背叛了谁，谁伤害了谁，如何进行报复和惩罚的问题？

如果你爱你的孩子，如果你能意识到，相对于你的委屈和愤怒，相对于你在婚姻中遭受到的伤害，你的孩子比你更为无辜、更为脆弱、更需要保护的时候，你就会知道，你需要优先处理孩子的问题。以孩子的利益为先，而不是以自己为先。

这是父母对孩子的义务。

和你的两性关系，和道德无关。

我们都知道，对于一个人的一生来说，**内心健康、人格稳定才是最大的财富。**

成年人，已经形成了一定的人格，**而孩子的人格和内心健康却时时刻刻都在被塑造**。

怎么能够做到仅仅是离婚，而不拿孩子当垫背？

怎么能够仅仅解除你和对方的夫妻关系，而让孩子继续做一个心理意义上父母健全的孩子？

怎么能够只是谈论你和对方之间的道德，而不在孩子面前去践踏他内心深爱的父亲和母亲？

什么才是孩子利益优先、保护孩子心理健康的离婚？

以下几点，也许能给你一些提示：

第一，不要连缓冲期都没有，就将孩子带到完全陌生的环境，让孩子离开他的养育者，孩子的成长环境和照顾他的人不要因为离婚有太大改变，这是最重要的，这是孩子安全感的基石。

第二，不要将孩子当作一个物品、一件家具，在离婚时一刀切割。关注孩子的情绪和感受，让他表达他的想法，共情他、理解他。

孩子在你面前讲述他想念自己的爸爸或妈妈时，无论你多么讨厌那个人，你都需要去承认和接纳孩子的这部分情感。

第三，不要让你的孩子和你一起去憎恨你的伴侣。你的伴侣伤害的是夫妻关系，但是他仍然是孩子的父亲或母亲，孩子天然都需要爱自己的爸爸妈妈，这是血浓于水的感情。不要人为地用道德审判，去阻止孩子爱父母。

不被允许爱自己的父母，会在孩子的心理层面造成难以整合的冲突，形成孩子人格上的问题，影响深远。

第四，要分清你和对方的关系，对方和孩子的关系，是两个不同的关系。

第一个关系，是你和对方的事情；第二个关系，则是你的孩子和对方的事情。

这是可以也应该分清的。

不要把孩子裹挟在你的感受和判断里。给孩子营造一个空间，让他自己去感受、整理对父母的复杂感情，并保护好这个空间。

我不会祈愿这个世界上的每一个孩子都有完整的家庭、相爱的父母，因为我知道这不可能。

但是，我希望在父母不幸的婚姻中，孩子能够在一个被保护的环境里继续健康成长，继续自由地爱自己的爸爸、妈妈，继续做一个孩子，不卷入大人的战争。

如果努力，这是可以做到的。

守护你内心的小孩

//
每一个人的内心都有一个孩子，
希望你也能好好守护你的内在小孩，
不要把它当作“错误的孩子”（wrong baby）。
这是为了爱自己。
//

一个婴儿一出生，那个所谓的“我”里面就自带了爱的本能吗？当然不会，没有什么爱本能。

爱，产生于关系中。我对你，你对我，婴儿对妈妈，妈妈对婴儿。没有关系、没有对象、没有体验时，爱这个词，就只是一个词罢了。

所以你懂得爱，会爱自己，是因为你拥有过爱的体验，爱的关系，你习得了这样一件叫作“爱”的事情，因为有人爱你，对你好，所以你也学会了爱别人，对别人好，更重要的是，你学会了爱自己。

但是，不是每个人都有这样的机会。

因此，当一个人问出“我不知道怎么爱自己”这样的问题，这一点都不令人意外，也一点都不可笑，这说明在他的关系里，在他的原生家庭里，他并没有作为一个“我”被好好地爱过，因此他也没有习得那种叫作“爱”的能力。

他可能因为自身的匮乏和低价值感，一再去讨好和付出，用自己的牺牲和投入想换来被爱，他也许在现实中也拥有着一些叫作“爱”的关系，但是，他爱这个自己吗？

好了，铺垫完毕，说点明确的、确定的、准确的对“爱”的定义。

人人都爱好的事情、好的结果、好的孩子和孩子好的表现。

这当然不是“爱”的全部定义。如果爱只是这样而已，那爱有什么可贵？爱又有何难？

“爱”，是当“我”不好、不够好、做不到、不想做、很糟糕的时候，你仍然喜欢、接纳、抱持、理解、不离不弃这个“我”，那才叫作“爱”吧。

所谓的“爱自己”，考验恰恰就是在这里。

什么叫作“爱自己”，就是当你觉得自己没有达到预期，觉得自己很糟，觉得很丧，觉得自己做得不够、做得不好的时候，你仍然在内心对自己进行着支撑，你不攻击自己，你不惩罚自己，最重要的是，你不离自己而去，就像妈妈对一个孩子，孩子哭、孩子闹、孩子不写作业，妈妈还是爱这个孩子。这就是爱自己。

所有不会爱自己的人，都是因为没有一个爱自己的妈妈。

读到此处，也别急着找妈妈的麻烦，别急着恨。

你还可以问一个问题，为什么你没有一个爱自己的妈妈呢？

那一定是因为你的妈妈，是一个没有能力去爱孩子的妈妈。

你的妈妈连自己都不爱，不觉得自己可贵，也不珍视自己，那么她怎么有能力和本事做到爱孩子呢？

说到底，这就是一个代际传递的问题。

[1]

一个孩子因为不被妈妈爱，所以不爱自己，没有价值感，总觉得自己不好，然后她做了妈妈，她也同样不懂得爱孩子，觉得孩子不够好，孩子要足够优秀，才配得到爱，因为她自己关于爱的体验就是这样的。所以她不可能凭空成为一个爱不完美的孩子的妈妈，她不可能凭空产生包容、接纳孩子的能力。

除非她曾经被很好地爱过。

所以，罪魁祸首就是，妈妈的妈妈的妈妈的妈妈，基本上你如果不懂得爱自己，你往上追溯自己的家族史，你就会很容易地发现，这个故事里面的每一个妈妈在童年都不曾很好地、很幸福地被父母好好爱过。

所以，其实没有罪魁祸首。

集体创伤、文化影响、几十年前贫瘠的物质生活、上几代人对心理创伤的零认知、战乱、自然灾害……这一切都导致了上几代妈妈都活在没有被很好爱着的、缺乏关注的、缺乏基本安全感的原生家庭里。

所以，如果你一直是一个懂得爱自己的人，那么你真的是个幸运儿。

而如果你是你们家族中第一个问出“如何爱自己”这样一个问题的人，那也意味着，你是一个幸运儿，你比你的上几代人至少要更进一步。

你开始思考，你开始觉察，你开始试图弄清究竟发生了什么，你希望建立一个清晰的关于“我”的概念和界限，希望自己的余生可以跨越原生家庭的代际影响，活出自己。

相比那些在外人面前从不敢口出恶言，总是活在别人评价里，连自我概念都不清晰稳定，对自己的孩子甚为苛刻的价值感低、充满焦虑的母亲们，你已经是一个很大的跨越了。

[2]

上周，一位在德国工作了三十多年的精神分析师对我说，根据他在中国接触到的很多案例，他有一种很强烈的感觉——“中国的很多女孩一出生就应该是个男孩，特别是实行独生子女政策后，很多父母就将对男孩的期待，放在了唯一的女儿身上。”

这句话，说到了本质。

说得好听点，是的，她们和男孩一样重要，父母对她们很期待很重视。

但是如果我将这句话翻译成：她们背负着父母对她们的期待，如果她们只做一个女孩，而做不到在传统意义上男孩的光耀门楣，那么她们就是“错误的孩子”。所以女孩被要求着“成为一个男孩”，男孩被要求着“成为一个圣贤”。

如果做不到，你就是个“错误的孩子”，你觉得这还是爱吗？

一个母亲接受了自己的不完美，才能去接受孩子的不完美。

一个父亲接受了自己的不圣贤，才能去接受孩子的不圣贤。

可惜的是，这样的父母并不多。

一个婴儿，得到的爱越多，他对自己的接纳度就越高。

反之，爱越少，对自己的接纳就越少。

同样，也是上周，我还听到一位研究家庭动力学的专家讲述他在研究工作中的体验，他说他遇到了很多年轻的来访者，而很多“90后”的来访者对他说起自己的童年，他们几乎出现了一样的特征——“我的父亲或母亲希望我是一个……而不是我本身”。

你可以在省略号里面填进去很多词，比如公务员、律师、清华北大的学生、道德完美的人、值得炫耀的孩子。

父母对他的爱，只存在于当他符合父母期待的完美人设时。

如果不是那个人设，这些孩子完全无法感受到父母的容纳和爱意。

所以这导致了什么？

导致了一个孩子是不能活成他自己，他得完成父母的期待，活成父母心里想要的那个样子。

一个人的生命是自己的，但是却必须要活成父母想要的样子才可以得到接纳和爱，否则就是个“错误的孩子”。而对于孩子来说，爸爸妈妈的爱在人生中又是那么重要，重要到不能失去，如果成了父母心中的“错误的孩子”，那么随之而来的就是被整个世界遗弃的恐惧。

这一切都在潜意识里不断加深，不断发挥着作用，即使你的父母离开了人世，你摆脱了现实中父母对你的控制，你内心内化的父母还是在发出和几十年前一样的声音。

那么这件事对于一个生命而言，是否很残忍？

[3]

前几天，大家都在朋友圈庆贺了母亲节。都说母爱好伟大。

我想，我认同的是“爱”这个词和母亲相关。

我们第一次体验到爱，就是从母亲那里。

但母亲不是神。母亲也是从一个婴儿开始长大的，很多因素镌刻进她的人格。她不可能因为是一个母亲就天然地获得了爱的能力，不可能因为是一个母亲就马上人格发展完整。

这是一种我们对母亲美好的期许，可惜这并非现实。

如果每一个母亲节我们不只是感恩母亲，我们还能审慎地去思考如何做一个母亲，或者能够去思考自己的母亲与自己人生之间的种种关系，那么也许会让这个节日更具有意义。

如果一个妈妈，可以让孩子成为他本身，而不投射太多的期待在里面，如果一个妈妈能够去完成一个妈妈的功能——抱持、接纳、理解和关注。而不是只有在孩子符合期待时才爱他、接受他，那么可以说这就是一个足够好的妈妈。

可是，成为一个足够好的妈妈是一件绝不简单的事情。

这需要爱，需要勇气，需要环境，需要人格条件，还需要妈妈作为一个个体不断的自省和觉察。这是要通过几代人的努力才能造就的事情。

记得一年前，在我女儿幼儿园的入校家长会上，园长问家长们希望孩子未来成为怎样的人。

很多家长起来作答，答案也各不相同，每个答案里面都有各自的期许。不过我记得有一位家长说，他不期望孩子成为什么，孩子做他自己就好，做一个普通人就好。

坐在旁边的我听到这个期许，觉得有一种舒服的感觉油然而生。

前几天，我的一位好朋友约我吃饭，我询问她女儿在学校上初一的情况，因为我这位朋友这两年以来，为了女儿的小升初极其焦虑，我们在一起的话题常常绕不开学习、升学、补习，她的女儿其实成绩挺不错的，但是要升上好初中，必须拔尖才行，孩子五年级才开始补课，所以她总是担心孩子无法升入好的初中，压力很大。最后她下了很多功夫，如愿以偿将女儿送进了一线初中里全是尖子生的火箭班，可是问题又来了，女儿数学成绩不是很好，在班上一下子就和优等生拉开距离，于是她又开始给女儿计划了一周四小时的数学一对一补习。

她是这样一个妈妈，和很多妈妈一样。但是那天再度聊起这个话题，她突然对我宣布说："我想开了，数学补了其实也不一定成绩就能赶上，不是每个孩子都是学霸，就让我女儿做她自己吧。"

她释然的一刻，是接受了孩子也许不是一个学霸的事实，终止一定要将孩子送进重点高中和大学的想法。

而在做这个决定之前，她其实也接受了自己是一个也许不能把孩子送进重点高中和大学的妈妈。

做一个接纳孩子的妈妈，需要从接纳自己做起。

爱孩子，从爱自己做起。

守护、抱持、共情、理解。

让孩子成为他自己，允许孩子与自己的分离。

好像一个容器，你要学会容纳你孩子的不足、不同、震荡、叛逆、痛苦以及他人生中的高高低低。

这就是做妈妈的品格。

每个人的内心都有一个孩子，希望你也能好好守护你的内心小孩，不要把它当作"错误的孩子"。

这是为了爱自己。

最终章

学会给自己的心灵疗伤

学会给自己的心灵疗伤

请对照这份清单来爱自己

[1]

在照顾他人的情绪之前，
先照顾自己的情绪。
你不是在蓄意伤害他人，你只是在保护你自己。

[2]

有一种能力，
是一种和求生技能一样重要的能力，
那就是为自己辩解的能力。

[3]

一点时间都不浪费，
一个错误都没有，

每件事都成功，
每个目标都达成，
并不会让我们更爱这个世界。

因为你扼杀了自己的生命力。

生命力，就是不那么现实，就是可以犯错。
因为，可以不对，才是自由。

[4]

人性的本能所能产生的杀伤力
远超你的想象。
面对真实世界，
“丛林法则”比很多道理
更适用于我们的人生。

[5]

你对自己都不慈悲，又如何对别人慈悲？
对得起自己的人，
才有对他人真正宽容的能力。

[6]

虽然你不一定能改变
他人对你不恰当的对待，
但即便改变不了，你还是需要去表达。

表达你的立场，
抒发你的情绪，
让你的感受
理直气壮地呈现出来。

[7]

一个真诚的肯定，能够生出巨大的力量。

学会自我表扬，
将表扬自己的门槛降低。
如果你找不出自己身上值得表扬的地方，
那么你的门槛还是太高了。

[8]

带有理解的倾听，
就是最好的疗愈。

所以，你今天倾听和理解你自己了吗？

[9]

自由，
从来就不是指“做一件结果好的事情”，
而是指，做自己喜欢的事情，无论结局如何。

如果你从来不曾随心所欲，
如果你只能做对结果有益处的事情，
那么你就从来不曾自由过。

[10]

你是不是被自己“今天什么也没干”吓了一跳？
那就告诉自己，我明天也可以什么都不干。

生命全部都是自己的，
为什么不能拿一些时间来浪费呢？

[11]

如果你只做正确的事情，
那么你就活成了标准本身，

而当你会干一些傻事，会出一些状况，
你才是一个人了。
当你不是标准，也不是目标时，
你才是你自己了。

[12]

重点不是你怎样才能成为一个更完美的你，
而是，你永远都不可能成为一个完美的你，

你，能否接受这样一个不完美的自己呢？
这种接受，就是对自己的爱了。

[13]

当你能量耗竭、无法前进的时候，
你的第一个想法总是自责，
不，你要允许自己表达累。
你要允许自己做不到。

无力，并不是一种羞耻。
它是一种真实。

[14]

活得很努力，却并不快乐的人，
很难停止对自己的要求，

因为，怕。

别的人，也许活着就好，
而你，却要让自己配得上，活着。

[15]

如果在你内心深处的故事里，
你是一个受人恩惠，
要拿自己去报恩的人，
并且这个恩情深重如山，一辈子都报不完，
那么这个故事一定是个假故事。

真实的故事，一定不是那样的。

[16]

如果你能像盼望快乐一样，接受不快乐，
如果你能像盼望完美一样，接受不完美，

那么你就能接受，
在你身上存在的负面的事情、负面的情绪、负面的表现。

这样你才能拥抱完整的自己，
而不是永远都在拒绝那一部分负面的自己。

[17]

你的价值体现在你这个存在里，
而不是你做的事情里。
你不需要用你做的事情，
不断对别人去证明你的价值。

[18]

想活得自由，就要建立一个属于自己的规则，
别被任何人的规则绑架，
这是活出自我的关键。

[19]

你永远都有选择权的。
你可以选择犯错，
可以选择认输，

也可以选择放弃。

如果可以这样的话，
你是不是会觉得你面前的路宽了很多？

[20]

要想赢得公平，就要去面对冲突。
接得住别人的不认同，
你才有回击的能力。

[21]

不爽全世界的你，
其实是在不爽自己。

你攻击世界、挑衅世界来攻击你，
其实是为了惩罚内心有冲突的自己。

[22]

内心存在冲突，想做好人又想干坏事，
这就是一种常态。
别为自己的想法自责。

尊重自己所有的想法和感受，观察想法背后的原因，这就是找到自己的方法。

[23]

你离自己的感受越近，
你就能获得越多能量，
你的状态就会越好。

[24]

潜意识里面，我们都会有恨和攻击。
即使面对最亲密的人。
只有纯净的爱，而完全不会有恨，那是神。
要允许自己，对爱的人，
也会有恨意和攻击。

[25]

你需要的不是一个关系，
而是一个能允许你表达、能看见你感受的关系。
如果关系里面没有这两样，
那么关系对你而言就是一种能量的耗竭。

[26]

我们每一个人都是这个世界上的一个普通人，
为什么要把对自己的要求定得那么高？

难道，证明自己绝对优秀、特别了不起就可以永生了吗？

[27]

对自己好，不仅仅是体现在买一点贵的东西给自己，
还体现在，
你拥有能够包容自己犯错，
甚至一错再错的能力。

[28]

与其说，我需要一个爱人，
不如说，我需要一个可以给我想象空间的人，
在那个空间里，我是一个值得被爱的人。
所以，一直用否定和挑剔的眼光来对待这个空间的爱人，
还叫“爱人”吗？

[29]

要想活得好，就需要学会接受丧失。

而不是一直竭尽全力去避免丧失。

学会与丧失共存。

才是人类生存的法则。

[30]

只有让自己舒服了，你才能让别人舒服。

不与自己为敌，

也就不再与世界为敌。

自我疗愈的三十个真相

[1]

你需要在内心找一个空间装下那个你认为的“不够好的、旧的自己”。

接受它的存在，

我们才能在这种接受中，

不再消耗能量去抵抗、去谴责、去逃避。

我们才能在平静中轻装前行，

去塑造一个新的自己。

[2]

感情的输赢，

不是你最终有没有赢得他，

而是你有没有，

活成一个不带遗憾的自己。

[3]

一个有自己的价值观，

可以活在自己的价值观里，

不被他人的行为影响和动摇自己信念的人，

就是幸福的人。

[4]

关键不是改变他人，

而是我们应该在这样一个世界如何活着。

如何安放自己的位置，

如何定义自己，

如何坚守自己内心的信念。

[5]

成为一个怎样的人，

这句话指的不是在他人眼里，你是怎样的你，

而是在你自己的内心里，你相信你是一个怎样的人。

在一个你控制不了的世界里，

过得幸福、获得解脱的真正方式，

是和自己达成一致。

[6]

做别人的“情绪旁观者”，
而不是“拯救者”，
不要动不动就将别人的情绪承担在自己的身上。

[7]

如果关系里连关于感受的对话都没有，
这样的关系能满足什么人？
也许只能满足“被物化”“去心灵”的人。

[8]

不要总是把事情，放在你和另一个人之间。
而是可以让感受、情绪、体验
在你和另一个人之间流动起来。
给感受一个可以流动的时间和空间。

[9]

小孩子其实什么都懂，
他的潜意识就像海绵，
在捕捉所在环境里细枝末节、秘而不宣的一切，

融刻进自己的潜意识里，
形成了人格，形成了模式。

[10]

我们习惯把感受包装在事情里面。
总是谈事情，不谈感受。

[11]

情绪，需要被处理，
我不是在找一个人处理我的事情，
而是一直在找一个人，处理我的情绪。

[12]

不同的人之间，
就是不同的潜意识在交流，
潜意识会产生各种不同的化学反应。
彼此之间产生的爱，和彼此付出行动的反应，
也会因此而有大不同。

[13]

自卑的人常常是这样的，
先有了“我不够好”这种潜意识里先入为主的判断，
然后再去搜集自己不如别人的证据。

[14]

由于人性的关系，
在这个世界里，爱本来就不是绝对和纯粹的。
既不是100%的纯度，也无法永恒，它会随很多条件改变。

[15]

在觉得自己不够被爱之前，
要搞清楚的是，
你去索爱的那个人，他具备多少给出爱的能力。
爱的多少，不是你努力要就有，也不是他努力给就有。
每个人都有自己的极限。

[16]

或许，他以在你看来匪夷所思的方式来对待你，
那就是他在这段感情甚至所有感情中的极致，

对于不够好的爱的回应，你有权利选择离开。

[17]

我们为什么会如此孤独？

因为无论拥有多少物质，站在什么位置，

你最需要的还是

你的心有人可以看见和交流。

[18]

一定要问一个只有一百元的人借一千元，

一定要在一个没有“爱”这种能力的人身上不断挖掘你被爱的证据，

除了让自己越来越痛苦失望，不会有任何收获。

不要把你的自我，建立在对方支付不起的爱上。

[19]

在保护你的身体健康、让财富增值、养育后代的同时，

也要保护自己的灵魂，

关注自己的感受，

别让心灵枯竭。

[20]

很多人，
根本没有在关系里处理感受、表达感受、接纳感受的技能，
那是因为，
在原生家庭里，在他成长的最初，
他的感受，就没有被人好好地对待过。

[21]

我们在关系中寻找的，
其实，是一个处理我们情绪的转换器，
谁拥有这样的转换功能，
谁就能更多地带给对方幸福。
愿我们，都拥有提供“情绪价值”的能力。

[22]

最不幸的事情，不是你得到的爱相比他人更少，
而是你因此判定，
自己是一个不值得被爱的灵魂。

[23]

我们虽然活在关系里，却不能为关系而活。

我们虽然如此地渴望爱，但我们也不能只为得到爱而活。

我们要建立自我，为自我而活。

既不为关系，也不为爱。

[24]

在爱情面前，

诚实地表达自己，

远比姿态重要。

[25]

感情中把自己保护得太好的人，最后还是会伤了自己。

这好像是个悖论，但它却很真实，

因为你也许会在余下漫长的时间里，

怪自己在这段感情里，

没有尽力。

[26]

一个人，

如果没有看清和觉察自己本身的脆弱，
没有看清自己转化负面能量的系统其实作用微弱，
还在关系中，不断掏空自己，去为他人提供正面能量，
而不进行自我滋养和补给，那么结果是危险的。

[27]

有的人，会有一种本领，去掏空他人、控制他人、绑架他人，
以爱之名、以付出之名、以牺牲之名。
他们的本能深谙此道，根本不需要刻意筹划。

就像婴儿吸吮母乳，是一种与生俱来的能力，也是一种停不下来的需求。

[28]

我们之所以习惯于在一种自我责备和攻击的状态中去努力，
是因为我们小时候就是常常在“被责备和攻击”，
而非“被鼓励和支持”的状态中去努力。

[29]

带着“我不够好”的内心标签去努力，
你的努力，往往事倍功半。
负面思维、消极暗示，

那些你没有觉察的潜意识模式，

不只是拖住了你成功的后腿，更是牢牢捆住了你的两条腿。

[30]

很多人以为，自己只要实现了某个目标，

就可以用大价钱去别人那里赎回自己的人生了。

这个大价钱，就是你给自己设置的障碍；

这个大价钱，就是别人的看法于你而言重要的程度；

这个大价钱，就是你的心被这个社会潮流影响的程度。

结语：痛苦，本是常态

关于中国的禅宗始祖达摩，在民间流传着这样一个故事。

北魏孝明帝孝昌三年，达摩来到少林寺，面壁而坐，整日不语。

有一个叫神光的僧人，博览群书精通玄理，他听说达摩大师在少林寺，觉得高人离得不远，于是想去拜访他。

他去了少林寺见到面壁的达摩，从白天等到黑夜。刚好那天晚上下了一场大雪，神光立在雪中，一整夜岿然不动，第二天雪没过了他的膝盖，达摩看到神光这样，心生怜悯，就问他：“你在雪中这么久，所求何事？”

神光流着泪说：“求您大发慈悲，开坛弘法，普度众生。”

达摩回答：“诸佛之道至高无上，精妙无比。得道的人哪个不是持之以恒，能行无路之处，能忍不能忍受的痛苦？如果单凭小德行和小智慧，并且有取巧怠慢之心，还妄想能够觉悟，那不过是白费辛苦罢了。”

神光听到教诲，自断手臂求道。

然后问达摩：“佛法的真谛，您可以告诉我吗？”

达摩说：“佛法的真谛，没有办法从别人那里得来。”

[1]

人生的真谛和解脱之道，也是如此。

无法从别人那里得来。

生活中，有时候会遇到这样的人，他为一件事很痛苦，旁人看了也很痛苦，他自己也很难受，但是就是无法做出选择，做出改变。

这个时候，他往往会想，为什么我会是这样一个我，我能不能变一变，或者谁能帮我把周围的环境变一变，为何我总是陷在这样的痛苦之中？

这个人如果满心里所想的是，世界上有没有什么妙法可以缓解我的痛苦和难受？让我可以不用面对如此艰难的选择，也不用在眼下这种情境下煎熬，那么这种想法，和依据这种想法所做的很多事情，都如同达摩说的一样，是白费力气罢了。

世界上没有妙法，能够从痛苦中解脱的人，无不是经历过很多痛苦。

也就是说，经历痛苦本身，才是通往从痛苦中解脱出来的道路。

[2]

关于痛苦，逃是逃不掉的。

什么精妙学说，什么灵丹妙药，都不可能真的让你从痛苦中解脱。

如果你看到一句话，就已经觉得解脱了，那一定是因为你已经从你的成长痛苦里，走到了领悟和超越的门口。

不是这句话有多神奇，是你自己其实一直走在一条虽然痛苦但却是朝向光明的路上。

比如，你秉持信念做了很多努力，但不断失败，可你仍然没有放弃。

比如，你相信爱情和真心，虽然经历了很多痛苦，但是你没有因此憎恨他人，而是保持着自己一份赤子之心。

比如，尽管原生家庭给了你压抑的愤怒，但你不是一直在把你的愤怒发泄到无辜的人身上，而是去体验那份创伤的痛苦，想办法自己去觉察和化解它，你懂得己所不欲勿施于人，你愿意自己去承担，不因为自己是个受害者就理直气壮地去伤害他人。

你一直这样痛苦着，也一直坚持着，你一直觉察着，身处黑暗也朝向光明，因为你相信光明的所在。

这样的痛苦，会带来成长。

心理学，并不是一门让人获得良好感觉的学科。

心理咨询（动力学取向的），很多时候，就是打开防御走近真相的过程，也会引起来访者的阻抗或者不适。

如果来访者的内心真的还没有做好准备去面对自己的真相，咨询师和来访者都要停在某处，等待那样一个时刻。

而这个等待对于有的人来说，或许是很久很久。

举这个例子是想说，心理咨询也好，心理学也好，并不是什么绝佳妙法，你了解了，懂得了，你顿时就感觉良好了。

它只是试图帮助你，去诚实面对自己罢了。

而这种诚实面对，有时是很痛苦的。

为了不面对糟糕的感受、残酷的真相，我们往往会做很多很多事情去逃避，但是这些事情，这种活法同样会让我们深陷痛苦的泥潭之中。

离解脱只会更远。

[3]

一个人往往会做很多很多事情，去阻止自己面对，而他做些事情，也给自己带来越来越沉重的负担。令他活得越来越累。

举个例子，因为这种痛苦在很多人身上都有。

一个没有被父母很好地接纳过，从小就觉得自己很差很自卑的人，他会很拼命努力地去抓住能够证明自己的东西。

根本停不下来。

他为什么要拼命努力去证明和抓住呢？

因为他的本能不想体验“我很差”的感觉，他需要一些东西来让他离那种令他恐惧的感觉远一点。

于是他的一生都是和童年的感觉纠缠在一起的一生。

于是他变得特别依赖外界的一切，他人的笑脸和赞同，依赖“我很完美不会犯错”的感觉——那么他就变得被这些他所依赖的东西和人束缚，他也就失去了自己，变成了一个求取他人满意和赞赏的工具。

从开始为了逃避（觉得自己不够好的）痛苦，到最后沦为失去自我的一个工具，这种痛苦，不仅仅是痛苦，还让人绝望。

因为它是早已注定的循环，它无法塑造出一个自由的自己。

其实，有一个关于人生的真相是，人生本来就是充满痛苦、烦恼、遗憾和各种艰难的抉择的。

这种情况对于绝大多数普通人都适用，除了达摩这样的得道者。

既然都是痛苦着走向终点，那我宁可这痛苦中，有光明，有自我，有坚持，而不愿意我成为一个依赖他人，最终被束缚到毫无自由，只能求取他人满意的工具。

［4］

所以，不要逃避。

不是因为要逃离痛苦，而是因为准备好了不再逃避，才是你来到这里的目的。

心理学，是让你拥抱自己真相的道路。

这个道路不是药物，服下你就可以立刻快乐平静。

你只是会活得比较真实。你会活得更为诚实。

最终，因为这份诚实，你会获得和自己与他人的和解，你会活得平静。

无论一个人怎么努力去逃避，也逃避不了觉得自己不够好、觉得自己难以得到接纳，这种心灵深处的真实。

你要改变它，除非你去体验它、走进它、拥抱它。

从你所体验的痛苦和经历中积累力量，等你有了力量，你去和那个自己待在一起，这就是和解。

我们最怕的是什么？

——我不够好，我不够被爱，我无法掌控事物，我很不安全……

但是，无法掌控、不够完美、没有绝对的安全，本来就是人生的真相。

我们的确无法预知明天和他人如何，连自己也是常常改变的，当意外来临时我们也无法改变什么，这个真相令大多数人恐惧。

活在一种被爱被重视被赞美、觉得自己完美的幻觉里，就可以逃离这个恐惧。

但是，你也就永远成了一个逃兵。

无法真正安然度过你的人生。

有的人，终其一生，只是想摆脱和远离最核心的真实感受，不断去搜集证明我们足够完美，我们可以掌控的证据——这样的人永远都是这种感受的手下败将，因为他们从来不能与它交锋。

还有的人，从此刻或以前就开始，终其一生，去认真面对自我充满残缺和不完美的真相，然后将努力的焦点放在我如何与这个令人恐惧和痛苦的感受相处，接纳它，整合它——那么这就是一条通往自我和解的道路。

如果你的自我里，有一部分是孤独、缺失、不被爱、会犯错的，从而带来你巨大的不安全感、羞耻感和恐惧感，

那么只有听见、看见、接纳这部分的你，你才算是拥抱

了自己的真实。

[5]

安然度过人生，获得持久的平静的出路，是去尝试接近这个我们内心深处无比恐惧的真实。

对自己不够好的真实感知的恐惧，对未来不可知也不可控的恐惧。

接受这份真实。

而不是否认它，拒绝它，逃开它。

这就是诚实。

越诚实，越能通往解脱。

痛苦本是常态。何必抵抗。

携手同行，看看真相带我们到什么地方。